工 程 测 量

主　编　李宝昌　沈　义　国丽荣

副主编　高　凯　梁　彬　陈润吾

参　编　李　钊　刘　影　栗海舰

　　　　王　巍　万思琦　张　霞

主　审　吕　君

哈尔滨工业大学出版社

图书在版编目(CIP)数据

工程测量/李宝昌,沈义,国丽荣主编. —哈尔滨:
哈尔滨工业大学出版社,2024.12. —ISBN 978－7－5767－
1798－3

Ⅰ. TB22

中国国家版本馆 CIP 数据核字第 2025251FW3 号

策划编辑　闻　竹　常　雨
责任编辑　马毓聪
封面设计　童越图文
出版发行　哈尔滨工业大学出版社
社　　　址　哈尔滨市南岗区复华四道街 10 号　邮编 150006
传　　　真　0451－86414749
网　　　址　http：//hitpress. hit. edu. cn
印　　　刷　哈尔滨起源印务有限公司
开　　　本　787 mm×1 092 mm　1/16　印张 8.25　字数 210 千字
版　　　次　2025 年 3 月第 1 版　2025 年 3 月第 1 次印刷
书　　　号　ISBN 978－7－5767－1798－3
定　　　价　58.00 元

（如因印装质量问题影响阅读,我社负责调换）

前　言

职业教育的教学有别于本科的学科体系,多以"项目引导、任务驱动、教学做合一"来实施,新型活页式教材按照"以学生为中心、学习成果为导向、促进自主学习"的思路进行教材开发设计。活页式教材把"企业岗位的典型工作任务及工作过程知识"作为教材主体内容,教材内容贴合实际工作岗位,符合行业操作规范,工作任务合理转化成学习项目,按照适度够用、层层递进等认知规律进行学习项目转化,尽量减少原理性的文字叙述。

活页式教材提供丰富、适用和引领创新作用的多种类型立体化、信息化课程资源,实现教材多功能作用并构建深度学习的管理体系。活页式教材中出现的信息化手段多样,教材变成素材集,资源丰富。活页式教材按照工作过程的顺序和学生自主学习的要求进行教材教学设计并安排教学活动,实现理论与实践教学融通合一、能力培养与工作岗位对接合一、实习实训与顶岗工作学做合一。

编者在编写过程中力求做到以下几点。

(1)采用教学大纲引领教材建设,每一章设定合理的教学目标及教学重、难点,实现一纲多本化的教材建设方式。

(2)采用"以能力目标为单元"的模块化方式编写,明确学习任务,然后逐一落实、理解每个知识点,有利于课程教学改革。

(3)采用"任务具体化"的思路编写教材,顺应学生的形象思维,更有利于教学工作的顺利开展。

本书由黑龙江建筑职业技术学院李宝昌、沈义和东北林业大学土木与交通学院国丽荣担任主编,黑龙江建筑职业技术学院高凯、梁彬和浙江交工集团股份有限公司大桥分公司陈润吾担任副主编,黑龙江建筑职业技术学院李钊、刘影、栗海舰、王巍、万思琦、张霞参编。具体编写分工如下:国丽荣编写模块一、模块二和模块三,李宝昌、沈义、张霞编写模块四和附录A、附录B,李钊、高凯、梁彬、刘影、栗海舰、王巍、万思琦编写模块五和模块六,陈润吾编写模块七。李宝昌、国丽荣和沈义负责全书的统稿和修改工作。全书由吕君主审。

由于编者水平有限,书中难免有疏漏和不足之处,恳请广大读者批评指正。

编　者
2024 年 12 月

目　　录

模块一　施工测量仪器设备

任务一　DS3 型微倾式水准仪

1.DS3 型微倾式水准仪概述

水准仪和水准标尺是水准测量的主要仪器和设备。水准仪有微倾式水准仪、自动安平水准仪、激光水准仪和数字水准仪。水准标尺有普通水准标尺和精密水准标尺。国产的水准仪有 DS05、DS1、DS3、DS10 等型号。型号中"D"和"S"分别为"大地测量"和"水准仪"的汉语拼音第一个字母;05、1、3、10 等是以 mm 为单位的每千米高差中数偶然中误差,表示水准仪的精度等级。通常在书写时省略字母"D",直接写为 S05、S1、S3、S10 等。

2.DS3 型微倾式水准仪的构造

DS3 型微倾式水准仪,如图 1—1 所示,主要由望远镜、水准器和基座组成。微倾式水准仪的构造如图 1—2 所示。微倾式水准仪的望远镜可以绕仪器竖轴在水平方向旋转,为了能精确地提供水平视线,在仪器上安置了一个能使望远镜上下做微小运动的微倾螺旋,所以称其为微倾式水准仪。使用该仪器时,中心连接螺旋通过基座将仪器与三脚架头连接起来支承在三脚架上,通过旋转基座上的脚螺旋,使圆水准器气泡居中,使仪器大致水平。三脚架可以伸缩、收张,为观测员架设仪器提供方便。

图 1—1　DS3 型微倾式水准仪

(1)望远镜。

望远镜由物镜、目镜、十字丝分划板、调焦(对光)螺旋、镜筒、照准器等组成,望远镜的作用是照准目标、提供一条瞄准目标的视线,并将远处的目标放大,提高瞄准和读数的精度。国产 DS3 型微倾式水准仪望远镜的放大率一般约为 30 倍。图 1—3 所示为目前常用的内对光望远镜的构造。

用于使仪器精确读数的十字丝分划板是在玻璃片上刻线后,装在十字丝环上,用 3 个或4 个可转动的螺丝固定在望远镜筒上的。十字丝分划板平面图如图 1—4 所示,其上相互垂直的两条细线即为十字丝,其中竖直的称为纵丝(又称为竖丝),水平的称为横丝(又称中丝、

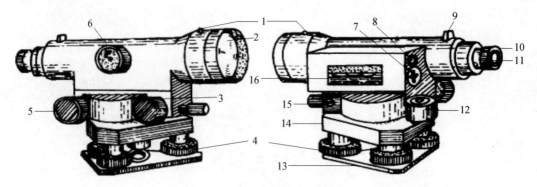

图 1－2　微倾式水准仪的构造

1—准星；2—物镜；3—微动螺旋；4—脚螺旋；5—微倾螺旋；6—物镜对光螺旋；7—校正螺丝；8—符合水准观察窗；9—照门；10—目镜对光螺旋；11—目镜；12—圆水准器；13—连接板；14—基座；15—制动螺旋；16—管水准器

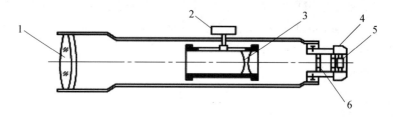

图 1－3　内对光望远镜的构造

1—物镜；2—物镜调焦螺旋；3—物镜调焦透镜；4—目镜调焦螺旋；5—目镜；6—十字丝分划板

水平丝)，横丝上下两条短线称为视距丝，上面的短线称为上丝，下面的短线称为下丝。由上丝和下丝在标尺上的读数可求得仪器与标尺间的距离，十字丝的交点与物镜光心的连线称为照准轴，是水准仪进行水准测量的关键轴线，也是用来瞄准和读数的视线。

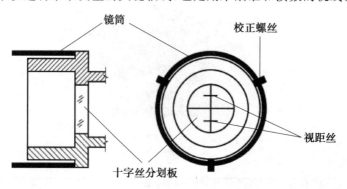

图 1－4　十字丝分划板平面图

为了控制望远镜的水平转动幅度，通常在水准仪上装有一套制动和微动螺旋。当拧紧制动螺旋时，望远镜就被固定，此时可转动微动螺旋，使望远镜在水平方向上做微小转动来精确照准目标；当松开制动螺旋时，微动螺旋就失去作用。有些仪器是靠摩擦制动的，因此没有制动螺旋而只有微动螺旋。

（2）水准器。

水准器的作用是把望远镜的照准轴安置到水平位置。水准器有圆水准器和管水准器两种。

①圆水准器。

圆水准器是一个玻璃圆盒,圆盒内装有化学液体,加热密封时留有气泡,如图 1—5 所示。圆水准器内表面是圆球面,中央画一小圆,其圆心称为圆水准器的零点,过此零点的法线称为圆水准器轴。当气泡中心与零点重合时,即气泡居中。此时,圆水准器轴位于铅垂位置,也就是说,水准仪竖轴处于铅垂位置。

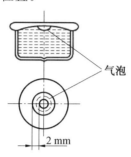

图 1—5　圆水准器

因为圆水准器内表面的半径较短,所以用圆水准器来确定水平(或垂直)位置的精度较低。在实际工作中,常将圆水准器用于概略整平;精度要求较高的整平,则用管水准器。

②管水准器。

管水准器简称水准管,是把玻璃管的纵向内壁磨成曲率半径很大的圆弧面,然后在管内装上酒精与乙醚的混合液,加热密封时留有气泡而成,如图 1—6 所示。在管壁上刻上分划线,水准管的中点 S 称为水准管的零点,零点附近无分划,零点与圆弧相切的切线称为水准管的水准轴。当气泡中点位于水准管的零点位置时,称气泡居中,水准轴处于水平位置,也就是水准仪的照准轴处于水平位置。在水准管上刻有 2 mm 间隔的分划线,分划线与中间的 S 点呈对称状态,气泡中点的精确位置依气泡两端相对称的分划线位置确定。

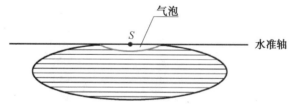

图 1—6　水准管

符合式水准器采用了能提高水准管整平精度的一种装置。在水准管上方装有一组符合棱镜组,气泡两端的半影像经过折光反射后反映在望远镜旁的符合水准观察窗内,使观测者不移动位置便能看到气泡两端的半影像,如果两端半影像重合,则表示水准管气泡已居中,否则就表示气泡没有居中。由于符合式水准器通过符合棱镜组的折光反射把气泡偏移零点的距离放大了一倍,因此较小的偏移也能被充分地反映出来,从而提高了整平精度。

（3）基座。

基座的作用是承托整个仪器，将仪器用连接螺旋与三脚架连接。三脚架主要由轴座、脚螺旋、底板和三角压板组成。

任务二　水准仪的使用及水准测量

1. 水准尺与尺垫

（1）水准尺。

水准标尺简称水准尺，是水准测量的标尺，与水准仪配合使用，是在测量时进行读数的重要工具。水准尺材质有木、铝合金、玻璃钢；水准尺按构造分为双面尺（直尺）、折尺和塔尺。塔尺和折尺由于接头处（或转折处）容易磨损而产生测量的系统误差，常用于精度要求较低的图根水准测量；直尺则可用于更高等级的水准测量。下面对双面尺和塔尺进行详细介绍。

①双面尺。

双面尺如图 1—7(a) 所示，多用于三、四等水准测量，其长度有 2 m 和 3 m 两种，且两根尺为一对。尺的两面均有刻划，一面为红白相间，称红面尺（也称辅助尺）；另一面为黑白相间，称黑面尺（也称主尺），两面的最小刻划均为 1 cm，并在分米处注字。每对双面水准尺的黑面尺起始数均为零，而红面尺底部的起始数分别为 4.687 m 和 4.787 m（两者的零点差为 0.1 m）。为了使水准尺更精确地处于竖直位置，多数水准尺的侧面装有圆水准器。（注意：双面尺必须成对使用，用以检核读数；观测时，特别是在读取横丝读数时，应使水准尺的圆水准器气泡居中；使用前一定要认清分划特点。）

②塔尺。

如图 1—7(b) 所示，塔尺的尺身由几段可伸缩的尺段组成，多用于等外水准测量，其长

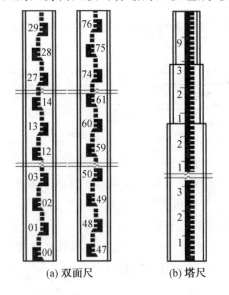

(a) 双面尺　　　(b) 塔尺

图 1—7　水准尺

度有 2 m、3 m 和 5 m 等,用两节或多节套接在一起,尺的底部为零点,尺上黑白相间,每格宽度为 1 cm,有的为 0.5 cm,米和分米处均有注记。

（2）尺垫。

在进行水准测量时,为了减小水准尺下沉,保证测量精度,每根水准尺都附有一个尺垫,如图 1—8 所示,尺垫一般制成三角形铸铁块,下面有 3 个尖脚,中央有一凸起的半球,使用时先将尺垫牢固地踩入土中,再将水准尺直立在尺垫的半球的顶部,根据水准测量等级高低,尺垫的大小和质量有所不同。（注意:尺垫只用在转点上,已知点或待定点不能用尺垫。土质特别松软的地区应用尺桩进行测量。）

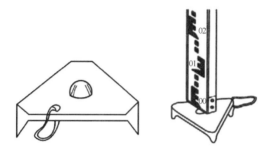

图 1—8　尺垫

2. 水准仪的使用

水准仪的使用包括安置水准仪、粗略整平、瞄准和调焦、精确整平和读数 5 个步骤。

（1）安置水准仪。

安置水准仪是将水准仪安装在可以伸缩的三脚架上并置于两观测点之间。首先,选择两个测点之间且与两个测点距离大致相等的位置,并且该位置应土质坚实,便于安置三脚架;然后,打开三脚架并使其高度适中,将三脚架的伸缩螺旋拧紧,用目估法使架头大致水平并检查三脚架是否牢固;最后,打开仪器箱取出水准仪放至架头,用连接螺旋将水准仪牢固地连接在三脚架上。

（2）粗略整平。

粗略整平简称粗平,是通过调节脚螺旋使圆水准器气泡居中,以达到仪器竖轴基本竖直、照准轴大致水平的目的,具体步骤:首先松开水平制动螺旋,转动仪器,将圆水准器置于两个脚螺旋之间,如图 1—9(a)所示,气泡中心偏离零点位于 A 处时,用两手同时相对（向内或向外）转动脚螺旋①和②,使气泡沿脚螺旋①和②连线的平行方向移至中间 B 处;然后转动脚螺旋③,如图 1—9(b)所示,使气泡由 B 处向中心移动;最后,使气泡位置如图 1—9(c)所示,居于圆指标圈中。提示:整平过程中,气泡移动的方向与左手大拇指运动的方向一致,与右手大拇指运动的方向相反,气泡往高处走,一般反复操作两三次气泡即可居中。

（3）瞄准和调焦。

瞄准和调焦,是用望远镜准确地照准水准尺,清晰地看清楚目标和十字丝。具体步骤:将望远镜对准明亮的背景,转动目镜调焦螺旋使十字丝成像清晰;松开制动螺旋,转动望远镜,利用望远镜镜筒上的照门和准星粗略瞄准水准尺,旋紧水平制动螺旋;转动物镜调焦螺旋,使水准尺分划清晰;转动水平微动螺旋,使十字丝纵丝照准水准尺中央,如图 1—10 所示,并能通过纵丝是否与尺子边缘平行来检验水准尺是否立直。

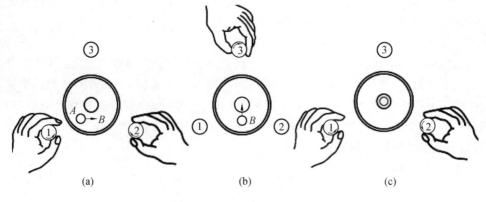

图 1—9 粗略整平

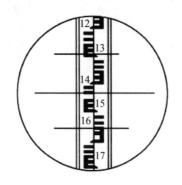

图 1—10 瞄准读数

当水准尺成像(目标的像)与十字丝分划板平面不重合时,眼睛靠近目镜上下轻微移动,会发现十字丝和目标的像有相对运动,这种现象称为视差,如图 1—11(a)和(b)所示,当人眼位于中间位置时,十字丝交点 O 与目标的像 A 点重合;当人眼略微向上移时,O 点与 B 点重合;当人眼略微向下移时,O 点与 C 点重合。视差会带来读数误差,观测中必须消除视差。消除视差的方法就是仔细反复调节物镜、目镜调焦螺旋,直至眼睛在任何位置观测时十字丝所照准的读数始终清晰。图 1—11(c)所示是没有视差的情况。

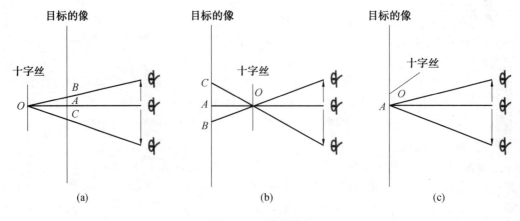

图 1—11 消除视差

（4）精确整平。

精确整平简称精平，是旋转微倾螺旋将水准管气泡居中，使望远镜的视线精确水平。微倾式水准仪的水准管上方装有一组棱镜，可将水准管气泡两端的半影像折射到望远镜镜旁的符合水准观察窗内。具体步骤：眼睛移到符合水准观察窗，同时右手慢慢均匀转动微倾螺旋，观察水准管气泡影像，若两端的半影像不相符合，如图1—12(a)所示，说明视线不水平，这时再转动微倾螺旋使气泡两端的像符合成一抛物线形，如图1—12(b)所示，此时仪器便可提供一条水平视线。在转动微倾螺旋时要慢、稳、轻。（提示：水准管气泡左半部分的移动方向总与右手大拇指的方向相反。）

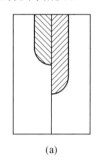 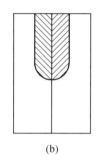

(a)   (b)

图 1—12　符合水准器精平

必须指出的是：具有微倾螺旋的水准仪粗平后，竖轴不是严格铅垂的，当望远镜由一个目标（后视）转瞄到另一目标（前视）时，符合水准观察窗中水准管气泡两端的像不一定完全符合，必须重新精平，直到水准管气泡两端的像完全符合，才能读数。

（5）读数。

读数就是在视线水平时用望远镜十字丝的横丝在水准尺上读数，如图1—13所示。当水准管气泡两端的像完全符合后，应立即读数。读数前要先认清水准尺的刻划特征，成像要清晰稳定。因为现在的水准仪多用倒向望远镜，所以在水准尺上读数时要按由上到下、由小到大的方向进行读数，为了保证读数的准确性，先估读毫米数，再读出米、分米、厘米数。读数前务必检查水准管气泡两端的像是否符合好，以保证在水平视线上读取数值，还要特别注意不要错读单位和发生漏零现象。

 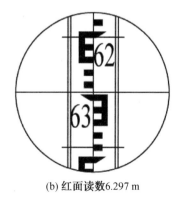

(a) 黑面读数1.610 m   (b) 红面读数6.297 m

图 1—13　水准尺读数示例

水准仪使用一定要按上面步骤顺序进行，不能颠倒。

3. 水准仪的检验与校正

为了保证水准测量结果的正确可靠,应在作业前对水准仪进行检验,如不满足相关条件,应送有资质的部门校正,在作业过程中还要定期对水准仪进行检验。

(1)水准仪应满足的几何条件。

如图1-14所示,微倾式水准仪的主要轴线有4条:水准仪的竖轴(VV)、圆水准器轴($L'L'$)、水准管轴(LL)和望远镜的照准轴(CC)。根据水准测量的原理,水准仪必须能提供一条水平视线,才能正确地测出两点间的高差,因此,水准仪在结构上应满足一定的几何条件。

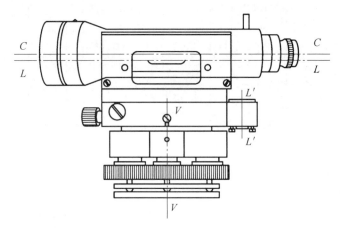

图1-14 微倾式水准仪的主要轴线

①水准仪应满足的主要几何条件。

a. 水准管轴(LL)与望远镜的照准轴(CC)平行。该条件若不满足,那么水准管气泡居中后,水准管轴已经水平而照准轴却未水平,不符合水准测量基本原理的要求。

b. 望远镜的照准轴(CC)不会因调焦而变动位置。该条件是为满足前一个条件而提出的,如果望远镜调焦时照准轴位置发生变动,就不能保证不同位置的视线都能够与固定不变的水准管轴平行,而望远镜的调焦在水准测量中是不可避免的,因此必须保证望远镜的照准轴不会因调焦而变动位置。

②水准仪应满足的次要几何条件。

a. 圆水准器轴($L'L'$)与水准仪的竖轴(VV)平行。这是为了能迅速地整平好仪器,提高作业速度。满足此条件后,当圆水准器的气泡居中时,水准仪的竖轴也基本处于铅垂状态,于是将仪器旋转至任何位置都能使水准管的气泡居中。

b. 十字丝的横丝垂直于水准仪的竖轴(VV)。满足此条件后,当水准仪竖轴已经处于铅垂状态时,就不必严格用十字丝的交点在水准尺上读数,可以用交点附近的横丝读数。

水准仪出厂前经过严格的检验,应该满足上述几何条件,但运输中的震动和长期使用的影响可能造成某些部件松动,从而使各轴线的关系发生变化。因此,为了保证水准测量质量,在正式作业之前必须对水准仪进行检验与校正。

(2)圆水准器的检验与校正。

①目的。使圆水准器轴($L'L'$)平行于水准仪的竖轴(VV),即当圆水准器的气泡居中时,水准仪的竖轴(VV)应处于铅垂状态。

②检验原理。当圆水准器的气泡居中时,若水准仪的竖轴(VV)与圆水准器轴($L'L'$)平行,则将仪器旋转后,圆水准器的气泡仍能保证居中。若两轴线不平行,如图 1—15(a)所示,圆水准器轴($L'L'$)与铅垂线重合,而水准仪竖轴(VV)则偏离铅垂线 α 角;将仪器旋转 180°后,如图 1—15(b)所示,圆水准器轴($L'L'$)从水准仪竖轴(VV)右侧移至左侧,与铅垂线的夹角为 2α,圆水准器气泡就偏离了中心位置(气泡偏离的弧长所对的中心角等于 2α)。

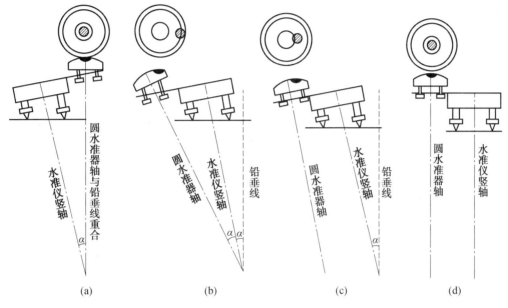

(a)　　　　　　　(b)　　　　　　　(c)　　　　　　　(d)

图 1—15　圆水准器轴平行于水准仪竖轴的检验与校正

③检验方法。首先转动脚螺旋使圆水准器气泡居中,然后将仪器旋转 180°,若气泡仍居中,则说明圆水准器轴($L'L'$)平行于水准仪竖轴(VV);若气泡偏离中心位置,则说明这两轴不平行,需要校正。

④校正方法。如图 1—16 所示,用校正针拨动圆水准器下面的三个校正螺丝,使气泡中心向中心位移动偏离值的一半,如图 1—15(c)所示,此时圆水准器轴与水准仪竖轴平行;再旋转脚螺旋使气泡居中,如图 1—15(d)所示,此时水准仪竖轴处于铅垂状态。校正工作须反复进行,直到仪器旋至任何位置气泡都居中为止。

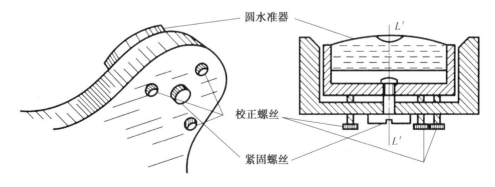

图 1—16　圆水准器校正装置

（3）十字丝横丝的检验与校正。

①目的。使十字丝横丝垂直于水准仪竖轴，即水准仪竖轴铅垂时，横丝应水平。

②检验原理。如果十字丝横丝不垂直于水准仪竖轴，当水准仪竖轴处于竖直位置时，十字丝横丝是不水平的，横丝的不同部位在水准尺上的读数也就不相同。

③检验方法。仪器整平后，从望远镜视场内选择一个清晰的目标点，用十字丝交点照准目标点，拧紧制动螺旋，转动水平微动螺旋，若目标点始终沿横丝做相对移动，如图1—17(a)所示，则表明十字丝横丝垂直于竖轴；如果目标点偏离横丝，如图1—17(b)所示，则表明十字丝横丝不垂直于竖轴，需要校正。

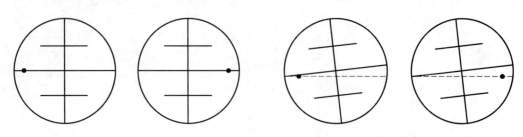

(a) 十字丝横丝垂直于水准仪竖轴   (b) 十字丝横丝不垂直于水准仪竖轴

图 1—17　十字丝横丝的检验

④校正方法。松开目镜座上的3个十字丝环固定螺丝（有的仪器须先卸下十字丝环护罩），然后松开4个十字丝环压环螺丝，如图1—18所示。转动十字丝环，调整偏移量，使横丝与目标点重合，再进行检验，直到目标点始终在横丝上做相对移动为止，最后拧紧十字丝环固定螺丝，有护罩的盖好护罩。

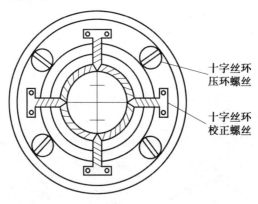

　　　　　　　　　　　　　　　　十字丝环
　　　　　　　　　　　　　　　　压环螺丝

　　　　　　　　　　　　　　　　十字丝环
　　　　　　　　　　　　　　　　校正螺丝

图 1—18　十字丝横丝的校正装置

（4）水准管的检验与校正。

①目的。使水准管轴平行于望远镜的照准轴，即当水准管气泡居中时，照准轴应处于水平状态。

②检验原理。若水准管轴与望远镜的照准轴不平行，则会出现一个交角 i，在地面上选定两固定点 A、B，将仪器安置在两点中间，测出正确高差 h_{AB}，然后将仪器移近 A 点（或 B 点），测出高差 h'_{AB}。若 $h_{AB} = h'_{AB}$，则水准管轴平行于望远镜的照准轴，即 i 角为零；若 $h_{AB} \neq h'_{AB}$，则两轴不平行，由于 i 角的影响产生的读数误差称 i 角误差，此项检验也称角检验。

③检验方法。首先在平坦的地面上选择相距100 m左右的 A 点和 B 点,在两点放上尺垫或打入木桩,并竖立水准尺,如图1—19所示。然后,将水准仪安置在 A、B 两点的中间位置 C 点处进行观测,假如水准管轴不平行于望远镜照准轴,视线在水准尺上的读数分别为 a_1 和 b_1,由于视线的倾斜而产生的读数误差均为 Δ,则两点间的高差 h_{AB} 为

$$h_{AB} = a_1 - b_1 \tag{1-1}$$

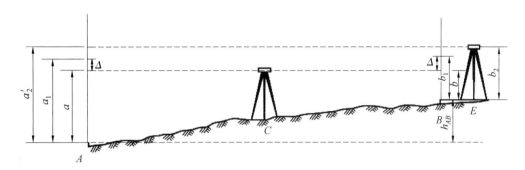

图1—19　水准管轴的检验

由图1—19所示,可知,$a_1 = a + \Delta$,$b_1 = b + \Delta$,代入式(1—1)得

$$h_{AB} = (a + \Delta) - (b + \Delta) = a - b \tag{1-2}$$

式(1—2)表明,若将水准仪安置在两点中间进行观测,便可消除由于望远镜照准轴不平行于水准管轴所产生的误差读数 Δ,得到两点间的正确高差 h_{AB}。

为了防止出现错误和提高观测精度,一般应改变仪器高再观测两次,若两次高差的误差小于 3 mm,则取平均数作为正确高差 h_{AB}。

再将水准仪安置在距 B 点 2 m 左右的 E 点处,安置好仪器后,先读取 B 点水准尺(近尺)的读数 b_2,因仪器离 B 点很近,故两轴不平行的误差可忽略不计。然后根据 b_2 和正确高差 h_{AB} 计算视线水平时 A 点水准尺(远尺)的正确读数 a_2'。

$$a_2' = b_2 + h_{AB} \tag{1-3}$$

用望远镜照准 A 点水准尺,若读数与 a_2' 相差小于 4 mm,则说明水准管轴平行于照准轴,满足条件;若读数大于 a_2',说明照准轴向上倾斜;若读数小于 a_2',说明照准轴向下倾斜。对后两种情况,都应进行校正。

④校正方法。转动微倾螺旋使横丝对准远尺的正确读数 a_2',此时照准轴已处于水平位置,但水准管轴不处于水平位置,两轴不平行,使得水准管气泡偏离零点,即符合水准观察窗中气泡影像不符合。首先用校正针松开水准管左右的校正螺丝(水准管的校正螺丝在水准管的一端),然后用校正针拨动水准管的上、下校正螺丝,拨动时应先松后紧,以免损坏螺丝,直到符合水准观察窗中气泡影像符合为止。

为了避免和减少因校正不完善而残留的误差影响,在进行水准测量时,一般要求前、后视距离基本相等。

4. 水准测量的误差及注意事项

水准测量的误差包括仪器误差、水准尺误差、外界因素导致的误差和观测误差4类。

（1）仪器误差。

在水准测量前虽然对仪器进行了严格的检验和校正，但是仍然会存在误差。由于这种误差大多数是系统性的，因此可以在测量中采取一定的方法对其加以减弱或消除。例如，对于水准管轴与望远镜照准轴不平行误差，若在观测时注意前、后视距离相等，则可消除或减弱其影响。

（2）水准尺误差。

水准尺误差有水准尺尺长误差、水准尺零点差及水准尺倾斜误差。

①水准尺尺长误差。

水准尺尺长误差就是水准尺的实际长度和名义长度不一致而产生的误差。水准尺尺长误差属于系统误差，通常采用对水准尺进行检验然后加修正数的方法消除。同时，由于水准尺尺长误差对高差的影响与高程差有关，而采用往返测法测量时，所测得的高差符号相反，因此，采用往返测法测量，取其结果的平均值，可以消除水准尺尺长误差的影响。

②水准尺零点差。

水准尺零点差是水准尺刻划的起点差。由于水准尺制造的缺陷或者长期使用、磨损，或使用过程中沾上泥土，其差值称为一对水准尺的零点差。水准测量时两根水准尺交替作为后视和前视标尺，在一测段内，若每根水准尺作为后视和前视标尺的次数相等，即测站数为偶数时，可以抵消水准尺零点差对高差的影响。

③水准尺倾斜误差。

水准尺倾斜误差产生的原因有两个：一是测量时水准尺的水准器未严格居中，水准尺倾斜；二是水准尺的水准器本身的条件不符合要求，测量时即使水准尺的水准器气泡严格居中，水准尺仍然倾斜。前者属于偶然误差，后者属于系统误差。水准尺倾斜对高差的影响与水准尺的倾斜程度及高差的大小都有关，而且由于倾斜的情况较复杂，因此只能通过检验校核水准尺水准器使其满足要求，测量时注意使气泡居中才可能避免水准尺倾斜误差。

（3）外界因素导致的误差。

外界因素导致的误差主要包括地球曲率和大气折光导致的误差、温度变化导致的误差、仪器升沉导致的误差和尺垫升沉导致的误差等。

①地球曲率和大气折光导致的误差。

地球曲率和大气折光都会对水准观测读数产生影响，通常将地球曲率和大气折光对一根水准尺读数的联合影响称为球气差。在作业中完全消除地球曲率和大气折光的影响是不可能的，只有在实际作业中严格遵守测量规范要求才能有效地减弱此影响。具体做法是使前、后视距离尽可能相等，使视线离地面有一定的高度，在坡度较大的地区作业时适当缩短距离等。可以通过高差计算来消除或削弱这两项误差的影响。

②温度变化导致的误差。

在野外测量时，太阳光的热辐射、地面温度的反射都会使大气温度发生变化，气温变化会使仪器的各部件发生热胀冷缩，而由于仪器各部件所处的位置不同，其膨胀的程度也不均匀，从而可能引起照准轴构件（物镜、十字丝和调焦镜）相对位置的变化，或者引起照准轴相对于水准管轴位置的变化，影响仪器各轴线间的正常关系，对观测产生影响。因此，测量时应当采取措施减弱温度的影响，例如，晴天时打伞，避免阳光直接照射仪器；不在每日温度变化较大的时段观测等。在高等级的精密水准测量中，不大的位移量可能使轴线产生几秒的偏差,从而使测量结果的误差增大。高等级的精密水准测量还要求刚从箱中取出的仪器与外界环境适应一段时间。

③仪器升沉导致的误差。

在水准测量过程中,当水准仪安置在松软的地面上时,由于仪器、三脚架本身的质量,仪器会产生轻微的下沉(或上升),又因为前视、后视不可能同时读数,所以仪器下沉(或上升)必将对高差产生影响。为减小此项误差影响,在实际测量中,测站应该选择在坚实的地面上,并将三脚架踩实,此外,每个测站可按"后—前—前—后"的顺序观测,或者减少每测站的观测时间,有利于减弱仪器升沉导致的误差的影响。

④尺垫升沉导致的误差。

在仪器迁站,前视标尺转为后视标尺的过程中,尺垫可能发生下沉或上升。如果尺垫在迁站过程中下沉了,它总是使后视标尺的读数比实际值大,致使各测站所测高差都比实际值大,对整个水准路线的高差影响就呈现系统性。如采用往返测法,由于所测得的高差符号相反,对测量结果取平均值,尺垫下沉导致的误差也会得到一定程度的抵消和减弱。在具体的测量操作中,也应采取有效措施来减弱尺垫升沉导致的误差的影响。例如,在转点处应选择在土质坚硬处并将尺垫踩实,观测时将水准尺提前半分钟安放在尺垫上,等它升沉缓慢时再开始读数;迁站时应将转点上的水准尺从尺垫上取下,在观测前半分钟再放上去,这样可以减少尺垫的升沉量,减小误差。

(4)观测误差。

①视差。

当视差存在时,十字丝平面与水准尺影像不重合,若眼睛观察的位置不同,则会读出不同的读数,因此会产生读数误差。

②读数误差。

读数误差主要是观测时的估读毫米数的误差。估读的精度与测量时的视线长度、仪器十字丝的粗细、望远镜的放大倍率,以及测量员的作业经验等有关。其中,影响最大的是视线长度,因此,为了减小此项误差,测量规范对不同等级的水准测量规定了不同的最大视线长度,如四等水准测量的最大视线长度为100 m。

③气泡居中误差。

水准管气泡居中误差会使视线偏离水平位置,进而带来读数误差。采用符合式水准器时,气泡居中精度可提高一倍,操作中应使气泡严格居中,并在气泡居中后立即读数。以DS3型微倾式水准仪为例,其水准管气泡的分划值为 $20''/2 \text{ mm}$,如果读数时水准管气泡偏离 1/5 格,则对水准视线的影响约为 $4''$,如果仪器至水准尺的距离为 100 m,则对高差读数的影响达到 2 mm。因此,观测前应认真检验校核仪器的水准管,观测时应使符合水准器气泡严格符合,以减小气泡居中误差的影响。

④调焦误差。

在前、后视观测过程中,若反复调焦,则会使仪器的角度发生变化,进而影响高差读数。因此,观测时应当避免在前、后视读数时反复调焦。规范规定"同一测站观测时不得两次调焦"。

⑤水准尺倾斜。

水准尺无论向前还是向后倾斜,都将使尺上读数增大。误差的大小与在尺上的视线高度及尺的倾斜程度有关。为减小此项误差,观测时立尺员要认真扶尺,对于装有圆水准器的水准尺,扶尺时应使气泡居中。

任务三 自动安平水准仪

1. 自动安平水准仪的构造

自动安平水准仪也称补偿器水准仪,其构造如图1—20所示,它的精平是自动完成的,不需要人工调节,因此使用越来越广泛。与微倾式水准仪相比,自动安平水准仪没有水准管和微倾螺旋,其水平视线是利用自动安平补偿器进行补偿的,即使望远镜有细微倾斜,仪器仍能获得正确的水平视线读数。自动安平水准仪主要由基座、望远镜、水准器和补偿器等4部分组成。既不会受微小摆动的影响,也不会受磁场的影响,具有良好稳定的精度。

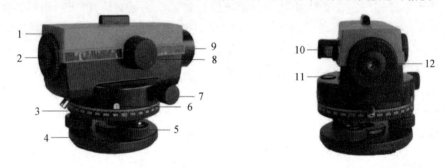

图1—20 自动安平水准仪的构造

1—目镜罩;2—目镜;3—度盘;4—球面基座;5—脚螺旋;6—度盘指示标;7—水平微动螺旋;
8—调焦螺旋;9—物镜;10—水泡观察器;11—圆水泡;12—目镜

(1)基座。

基座的作用是支承仪器的上部,并通过连接螺旋与三脚架连接。它主要由轴座、脚螺旋、底板和三脚压板构成。通过调节基座上的三个脚螺旋,可使圆水准器气泡居中。

(2)望远镜。

水准仪上的望远镜是用来瞄准目标并对水准尺进行读数的,它的光学系统主要由物镜、目镜和十字丝分划板组成。

物镜和目镜多采用复合透镜组,目标经过物镜和物镜调焦透镜折射后,在十字丝分划板上形成一个缩小的正立实像;改变复合透镜组的等效焦距,可使不同距离的目标均能清晰地成像在十字丝分划板平面上,同时十字丝也被放大,再通过目镜的作用,便可看清放大的十字丝和目标影像。普通水准仪望远镜的放大倍数通常为24~26倍,32倍以上的也日益常见。此外,部分水准仪仍采用传统的倒像成像方式,但要特别注意成像为倒像时水准尺的正确读数。水准仪使用过程中,只有旋转物镜调焦螺旋使得目标影像与十字丝分划板平面重合后才可以准确读数。十字丝分划板的作用是瞄准目标和获取读数。

(3)水准器。

水准器是一种辅助整平装置,配合脚螺旋整平仪器,使视线水平、仪器竖轴处于铅垂位置。自动安平水准仪只有圆水准器而没有水准管,在利用圆水准器指示粗略调平后,利用补偿器即可获得水平视线读数。

（4）补偿器。

如图1－21所示,照准轴水平时,照准轴指向水准尺的A点,即过A点的水平线与照准轴重合;当照准轴倾斜一个小角度α时,照准轴指向水准尺的A'点,而来自A点过物镜中心的水平光线不再落在十字丝的横丝上。自动安平就是在仪器的照准轴倾斜时采取某种措施使通过物镜中心的水平光线仍然通过十字丝的横丝。

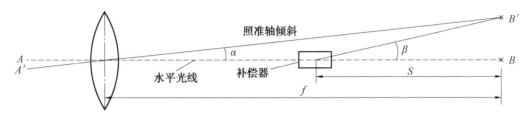

图1－21   自动安平原理

通常有两种自动安平的方法。

①在光路中安置一个补偿器,在照准轴倾斜一个小角度α时,令光线偏转一个β角,使来自A点过物镜中心的水平光线落在十字丝的横丝上。

②使十字丝移动到B处,从而使十字丝自动地与过A点的水平线重合,以获得正确读数。

这两种方法都可达到修正照准轴倾斜偏移量的目的。第一种方法要使光线偏转,需要在光路中加入光学部件,故称为光学补偿。第二种方法则是用机械方法使十字丝在照准轴倾斜时自动移动,故称为机械补偿。常用的仪器多采用光学补偿,安装有补偿器。

检查自动安平水准仪就是按动自动安平水准仪目镜下方的补偿控制按钮查看补偿器工作是否正常,在自动安平水准仪粗平后,也就是在概略置平的情况下,按一次补偿控制按钮,如果目标影像在视场中晃动,则说明补偿器工作正常,视线可自动调整到水平位置。

2. 自动安平水准仪的使用

为测定两点之间的高差,自动安平水准仪的操作大致分为以下4个步骤。

（1）安置水准仪。

在已知高程点和待定点之间大致视距相等处,稳固地张开三脚架,并使三脚架基座高度适中、大致水平。再取出水准仪放在三脚架的架头面上,一只手握住仪器,将三脚架中心连接螺旋对准仪器底座上的中心点,另一只手旋紧三脚架上的中心连接螺旋直到将仪器固定在三脚架上。

（2）粗平。

粗平是通过旋转水准仪基座三个脚螺旋使圆水准器气泡居中,这表明仪器竖轴竖直,照准轴粗略水平。

（3）瞄准水准尺。

首先进行目镜对光,即把望远镜对向明亮的背景,转动目镜调焦螺旋,使十字丝清晰可见。松开制动螺旋,转动望远镜,用望远镜筒上的准星瞄准水准尺,拧紧制动螺旋。然后转动物镜调焦螺旋,使目标水准尺清晰,再转动水平微动螺旋,使十字丝纵丝对准水准尺边缘或中央。

（4）读数。

当上述步骤操作完毕后，即可用十字丝的横丝在后视水准尺上读取后视读数。水准尺最小刻度通常为 1.0 cm 或者 0.5 cm，毫米位数需要估读，读数和记录时均估读到 1 mm。

任务四　数字水准仪

1. 数字水准仪的基本组成

与光学水准仪相同，数字水准仪也由仪器和标尺两大部分组成。数字水准仪由望远镜系统、补偿器、分光棱镜、目镜系统、CD 传感器、数据处理器、键盘、数据处理软件等组成。图 1—22 所示为瑞士徕卡公司的 DNAO3 数字水准仪。数字水准仪的标尺是条码标尺，条码标尺是由宽度相等或不等的黑白条码按一定的编码规则有序排列而成的。这些黑白条码的排列规则是各仪器生产厂家的核心技术，各厂家的条码图案完全不同，更不能互换使用。图 1—23 所示为徕卡公司的条码标尺。

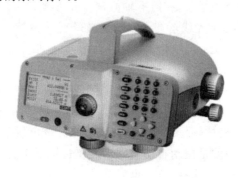

图 1—22　DNAO3 数字水准仪

图 1—23　徕卡公司的条码标尺

2. 数字水准仪的测量过程

数字水准仪的测量的过程是：人工完成照准和调焦之后，标尺的条码影像光线到达望远镜中的分光镜，分光镜将该光线分离成红外光和可见光两部分，红外光传送到线阵探测器进行标尺图像探测；可见光传送到十字丝分划板上成像，供测量员目视观测。仪器的数据处理器通过对探测到的光源进行处理，就可以确定仪器的视线高度和仪器至标尺的距离，并在显示窗显示。如果使用传统的水准尺，数字水准仪又可以当作普通的自动安平水准仪使用。

3.数字水准仪测量的基本原理

数字水准仪测量的基本原理,就是利用线阵探测器对标尺图像进行探测,自动解算出视线高度和仪器至标尺的距离。其关键技术就是条码设计与探测,从而形成自动显示读数。由于生产数字水准仪的各厂家采用不同的专利技术,测量标尺不同,采用的自动读数方法也不同,目前主要有4种:①瑞士徕卡公司使用的相关法;②德国蔡司公司使用的双相位码几何计算法;③日本拓普康公司使用的相位法;④日本索佳公司使用的双随机码的几何计算法。

4.数字水准仪的优缺点

(1)数字水准仪的优点。

与传统的光学水准仪相比,数字水准仪具有以下优点。

①测量效率高。仪器能自动读数,自动记录、检核、计算处理测量数据,并能将各种数据输入计算机进行后处理,实现了内、外业一体化。

②自动记录。因此不会出现读错、记错和计算错误,而且没有人为的读数误差。

③测量精度高。视线高和视距读数都是采用多个条码的图像进行处理后取平均值得出来的,因此削弱了标尺分划误差的影响。多数仪器都有进行多次读数取平均值的功能,同时还可以削弱外界条件如振动、大气扰动等对测量的影响。

④测量速度快。由于读数、复述记录和现场计算的过程均可由仪器自动完成,测量人员只需照准、调焦和按键,因此可以大大提高测量速度,同时降低劳动强度。

⑤操作简单。由于仪器实现了读数和记录的自动化并预存了大量测量和检核程序,在操作时还有实时提示,因此测量人员可以很快掌握使用方法,即使是不熟练的作业人员也能进行高精度测量。

⑥可自动修正测量误差。仪器可以对条码尺的分划误差、CD 传感器的畸变、电子 i 角、大气折光等系统误差进行修正。

(2)数字水准仪的缺点。

与光学水准仪相比,数字水准仪具有以下缺点。

①只能使用配套的标尺测量。对于光学水准仪,只要有准确的刻划线就能读数,因此可以使用自制的标尺,甚至是普通的钢尺。

②要求有一定的视场范围。在特殊情况下,如果水准仪只能在一个较窄的狭缝中看见标尺,就只能使用光学水准仪或数字、光学一体化的水准仪。

③对环境要求高。由于数字水准仪采用 CCD 传感器来分辨标尺条码的图像进行电子读数,测量结果受制于 CCD 传感器的性能。CCD 传感器只能在有限的亮度范围内将图像转换为用于测量的有效电信号。因此,标尺的亮度是很重要的,测量时要求标尺的亮度均匀、适中。

数字水准仪内置了各种水准测量程序,可以自由设置各项限差、新建线路文件。按仪器屏幕显示的操作提示进行观测及按键和读数,仪器自动记录存储观测数据,导出线路文件,软件平差处理,即完成整个水准测量工作。

任务五　DJ6型光学经纬仪

经纬仪是能够测定水平角和竖直角的仪器,在测量中广泛使用,包括游标经纬仪、光学经纬仪和电子经纬仪。光学经纬仪按精度等级可分为DJ1型、DJ2型、DJ6型等,其中"D"和"J"分别为"大地测量"与"经纬仪"的汉语拼音的第一个字母,后面的数字是以s为单位的精度指标,其含义为一测回测角中误差,数字越小,表示精度越高。光学经纬仪因精度等级的不同或生产厂家的不同,其具体部件的结构可能不尽相同,但它们的基本构造是一样的。

工程上广泛使用的是DJ2型和DJ6型光学经纬仪。DJ2型光学经纬仪主要用于控制测量,DJ6型光学经纬仪则主要用于图根控制测量和碎部测量。这两种光学经纬仪的结构大体相同,本书主要介绍DJ6型光学经纬仪的构造和使用等。

1.DJ6型光学经纬仪的构造

光学经纬仪采用光学度盘,借助光学透镜和棱镜系统的折射或反射,使度盘上的分划线成像到望远镜旁的读数显微镜中。各种型号的DJ6型光学经纬仪的基本构造大致相同,主要由照准部(包括望远镜、竖直度盘、水准器、读数设备)、水平度盘和基座3部分组成。国产DJ6型光学经纬仪的构造如图1-24所示。

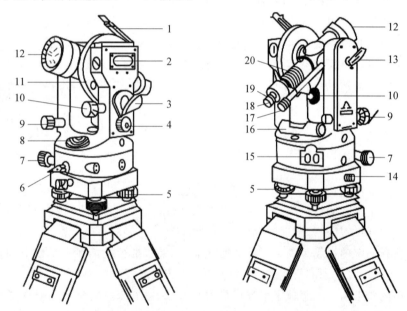

图1-24　国产DJ6型光学经纬仪的构造

1—指标水准管反光镜;2—指标水准管;3—度盘反光镜;4—测微轮;5—脚螺旋;6—水平制动螺旋;7—水平微动螺旋;8—圆水准器;9—望远镜微动螺旋;10—指标水准管微动螺旋;11—竖直度盘;12—物镜;13—望远镜制动螺旋;14—轴座固定螺旋;15—度盘离合器;16—水准管;17—读数显微镜;18—目镜;19—目镜调焦螺旋;20—物镜调焦螺旋

（1）照准部。

①望远镜。

光学经纬仪望远镜是用来照准远方目标的,其放大倍数一般为 20～40 倍,其构造和水准仪望远镜的构造基本相同。光学经纬仪望远镜和横轴固连在一起并放在支架上,要求其照准轴垂直于横轴,当横轴水平时,望远镜绕横轴旋转的视准面应是一个铅垂面。为了控制望远镜的俯仰程度,在照准部外壳上设置有一套望远镜制动和微动螺旋。在照准部外壳上还设置有一套水平制动和微动螺旋,以控制水平方向的转动。当拧紧望远镜或照准部的制动螺旋后,转动微动螺旋,望远镜或照准部才能做微小的转动。

②竖直度盘。

竖直度盘(简称竖盘)是用光学玻璃制成的圆盘,安装在横轴的一端,当望远镜转动时,竖盘也随之转动,用以观测竖直角。目前光学经纬仪普遍采用竖盘自动归零装置,其既加快了观测速度,又提高了观测精度。

③水准器。

照准部上设有一个水准管和一个圆水准器,与脚螺旋配合,用于整平仪器。和水准仪一样,光学经纬仪的圆水准器用于粗平,水准管用于精平。

④读数设备。

DJ6 型光学经纬仪的水平度盘和竖直度盘的分划线通过一系列的棱镜和透镜作用,成像于望远镜旁的读数显微镜内,观测者用读数显微镜读取读数。根据测微装置的不同,DJ6 型光学经纬仪的读数方法主要有分微尺测微器读数方法和单平板玻璃测微器读数方法两种。现代光学经纬仪主要采用分微尺测微器读数方法。

分微尺测微器是在读数显微镜读数窗与物镜上设置的一个带有分微尺的分划板,度盘上的分划线经读数显微镜物镜放大后成像于分微尺上。分微尺 1°的分划间隔长度正好等于度盘的一格,即 1°的宽度。图 1—25(a)所示为通过读数显微镜看到的度盘和分微尺的影像,上面注有"水平"(或 H)的窗口为水平度盘读数窗,下面注有"竖直"(或 V)的窗口为竖直度盘读数窗,其中长线和大号数字为度盘上分划线及其注记影像,短线和小号数字为分微尺上的分划线及其注记影像。

读数窗内的分微尺分成 60 小格,每小格代表 1′,每 10 小格注有小号数字,表示 10′的倍数。因此,分微尺可直接读到 1′,估读到 0.1′。

分微尺上的 0 分划线是读数指标线,它所指的度盘上的位置就是应该读数的地方。如图 1—25(a)所示,水平度盘读数窗中分微尺上的 0 分划线已过 178°,此时水平度盘的读数肯定比 178°多一点,所多的数值要看分微尺上的 0 分划线到度盘 178°分划线之间有多少个小格来确定,图 1—25(a)中数值为 05.0′(估读至 0.1′),因此,水平度盘读数为 178°+05.0′＝178°05.0′。记录及计算时可写作 178°05′00″。

同理,图 1—25(a)中竖直度盘读数为 86°+05.0′＝86°05.0′,记录及计算时可写作 86°05′00″。

图 1—25(b)中,水平度盘读数为 180°06.4′,即 180°06′24″;竖直度盘读数为 75°57.2′即 75°57′12″。

（2）水平度盘。

水平度盘是用光学玻璃制成的圆盘,在盘上按顺时针方向从 0°～360°刻有等角度的分

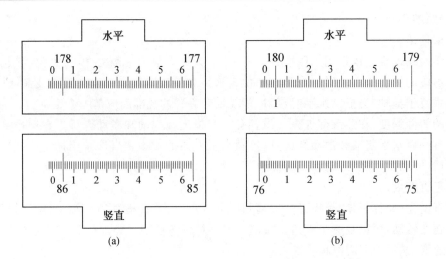

图 1—25　DJ6 型光学经纬仪读数窗

划线和注记。相邻两分划线形成的小格代表 1°。水平度盘固定在轴套上,轴套套在轴座上,水平度盘和照准部两者之间的转动关系由度盘离合器扳手或度盘变换手轮控制,在测角过程中水平度盘和照准部分离,不随照准部一起转动,当望远镜照准不同方向的目标时,移动的读数指标线便可在固定不动的度盘上读得不同的度盘读数,需要变换度盘位置时,可利用仪器上的度盘变换手轮,把度盘变换到需要的读数上。

(3)基座。

基座是支撑仪器的底座。基座上有 3 个脚螺旋,转动脚螺旋可使照准部水准管气泡居中,从而使水平度盘水平。基座和三脚架头用中心连接螺旋连接,可将仪器固定在三脚架上。光学经纬仪装有直角棱镜光学对中器,其具有精确度高的优点。

2. 经纬仪的使用

当进行角度测量时,要将经纬仪正确安置在测站点上。经纬仪的使用包括对中、整平、调焦、照准、读数和置数。对中和整平是仪器的安置工作,调焦、照准、读数和置数是观测工作。

(1)对中。

对中的目的是使仪器的中心与测站的标志中心位于同一铅垂线上。对中方法如下。

①垂球法。

把三脚架腿伸开,其长短应适中,安在测站点上,3 个脚螺旋调至中间位置,使架头大致水平,架头的中心大致对准测站标志,并注意三脚架高度应适中。然后踩牢三脚架,将垂球挂在三脚架中心连接螺旋的小钩上。稳定之后,检查垂球尖与标志中心的偏离程度。若偏差较大,应适当移动三脚架,并注意保持移动之后三脚架面仍大概水平。当偏差不大时(约 3 cm 以内),取出仪器,拧上中心连接螺旋,保留半圈螺纹不要拧紧;将仪器在三脚架面上前后左右缓慢移动,使垂球尖在静止时能够精确对准标志中心,然后拧紧中心连接螺旋,对中完成。用垂球进行对中的误差一般可控制在 3 mm 以内。

②光学对中器法。

将三脚架腿伸开,其长短应适中,安在测站点上,3 个脚螺旋调至中间位置,踩牢三脚架,保持三脚架面大致水平,平移三脚架的同时从光学对中器中观察地面情况,当测站地面标志点出现在视场中央附近时,停止移动,缓慢踩实三脚架。旋转基座螺旋并观察地面标志点的移动情况,使光学对中器的十字丝中心对准地面标志点;若此时圆水准器气泡不居中,松开三脚架腿固定螺丝,适当调整三脚架腿的长度,使圆水准器气泡居中;经此调节后,若地面标志点略微偏离十字丝中心,则松开中心连接螺旋(不是完全松开),平行移动仪器使光学对中器与测站标志完全重合。重复上述过程,直至地面标志点落于十字丝中心,同时圆水准器气泡也处于居中状态,至此对中完成。光学对中器法较垂球法精度高,一般误差在 1 mm 左右,同时不受风力的影响,操作过程简单快速,因而应用普遍。

（2）整平。

整平的目的是使仪器的竖轴铅垂,水平度盘水平。整平方法如下。

整平需借助照准部水准器完成。一般先伸缩三脚架使圆水准器气泡居中,使仪器大致水平,然后利用水准管进行精平。用水准管精平时,先转动仪器的照准部,使照准部水准管平行于任意两个脚螺旋的连线,然后两手同时向内(或向外)旋转这两个脚螺旋,使水准管气泡居中,如图 1－26（a）所示;再将照准部转动 90°,使水准管垂直于前面调整的两个脚螺旋的连线,然后旋转另一脚螺旋,使水准管气泡居中,如图 1－26（b）所示。重复上述过程,直到仪器旋转到任何位置时水准管气泡都居中为止,气泡居中误差一般不得大于一格。

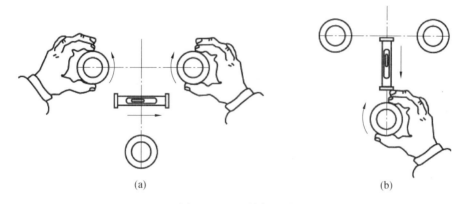

（a）　　　　　　　　　　　　　　（b）

图 1－26　经纬仪整平

上述两步技术操作称为经纬仪的安置工作。整平完成后要检查对中情况。如果光学对中器分划圈不在测站点上,应先松开中心连接螺旋,在架头上平移仪器,使分划圈对准测站点,再伸缩三脚架整平圆气泡,然后转动脚螺旋使水准气泡居中。由于对中、整平两项工作相互影响,因此应反复进行对中、整平工作,直至仪器整平后光学对中器分划圈对准测站点为止。

（3）调焦。

调焦包括目镜调焦和物镜调焦。物镜调焦的目的是使照准目标经物镜所成的实像落在十字丝板上;目镜调焦的目的是使十字丝和目标的像(即观测目标)均位于人眼的明视距离处,使目标的像和十字丝在视场内都很清晰,以利于精确照准目标。

在观测过程中,先进行目镜调焦,将望远镜对向天空或白墙,转动目镜调焦螺旋,使十字丝最清晰(最黑)。由于不同的人眼的明视距离不同,因此目镜调焦因人而异。然后进行物镜调焦,转动物镜调焦螺旋,使当前观测目标成像最清晰,同时眼睛在目镜后上下左右移动,检查是否存在视差。若目标影像和十字丝影像没有相对移动,则说明调焦正确,没有视差;

若观察到目标影像和十字丝影像存在相对移动,则说明调焦不正确,存在视差,需要通过反复调节目镜和物镜调焦螺旋予以消除。

(4)照准。

照准就是用十字丝的中心部位照准目标。不同的角度测量所用的十字丝是不同的,但都是用接近十字丝中心的位置照准目标。

在水平角测量中,应用十字丝的纵丝照准目标,根据目标的大小和距离的远近,可以选择用单丝或双丝照准目标。当所照准的目标较粗时,常用单丝将其平分,如图1—27(a)所示;当所照准的目标较细时,常用双丝对称夹住(也称夹准)目标,如图1—27(b)所示。当目标倾斜时,应照准目标的根部以减弱照准误差的影响。

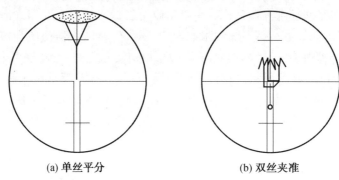

(a) 单丝平分   (b) 双丝夹准

图 1—27 纵丝测水平角

进行竖直角测量时,应用十字丝的横丝切准目标的顶部或特殊部位,在记录时一定要注记照准位置,如图1—28所示。

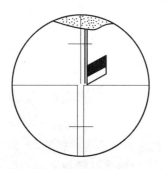

图 1—28 横丝测竖直角

照准的具体操作方法是,松开照准部和望远镜的制动螺旋,转动照准部和望远镜,用瞄准器使望远镜大致照准目标,然后从镜内找到目标并使其移动到十字丝中心附近;固定照准部和望远镜制动螺旋,再旋转其微动螺旋,以准确照准目标的固定部位,从而读取水平角或竖直角数值。

(5)读数。

打开反光镜,调节视场亮度,转动读数显微镜调焦螺旋,使读数窗影像清晰可见。读数时,除分微尺直接读数外,凡在支架上装有测微轮的,均应先转动测微轮,使中间窗口对准分划线重合后方能读数,度盘读数和分微尺或测微尺读数相加所得的结果才是最终的读数值。

（6）置数。

为了减小度盘的刻划误差并使计算方便,在水平角观测时,通常规定某一方向的读数为零或某一预定值,因此须将其在度盘上的读数调整为 0°或某一预定值,这一操作过程称为配置度盘或置数。

具体操作步骤:当仪器整平后,用盘左(又称为正镜)照准目标;转动度盘变换手轮,使度盘读数调整至预定读数即可。为防止观测时碰动度盘变换手轮,度盘置数后应及时盖上护盖。盘左就是当望远镜照准目标时,竖盘位于望远镜的左侧;盘右(又称为倒镜)就是当望远镜照准目标时,竖盘位于望远镜的右侧。

3.经纬仪的检验与校正

（1）经纬仪的主要轴线及应满足的条件。

如图 1-29 所示,光学经纬仪的主要轴线有:竖轴(VV)、水准管轴(LL)、横轴(HH)、照准轴(CC)、圆水准器轴($L'L'$)(图中未标出)。为了保证测角的精度,在使用前,应对经纬仪进行检验与校正,以使这些轴线满足以下的条件。

①竖轴(VV)垂直于水准管轴(LL)。因此,应进行照准部水准管轴的检验与校正。

②横轴(HH)垂直于十字丝纵丝。因此,应进行十字丝纵丝的检验与校正。

③横轴(HH)垂直于照准轴(CC)。因此,应进行照准轴的检验与校正。

④横轴(HH)垂直于竖轴(VV)。因此,应进行横轴的检验与校正。

⑤竖盘指标差为零。因此,应进行指标差的检验与校正。

⑥光学垂线与竖轴(VV)重合。因此,应进行光学对中器的检验与校正。

⑦圆水准器轴($L'L'$)与竖轴(VV)平行。因此,应进行圆水准器的检验与校正。

⑧光学对中器的照准轴与竖轴(VV)重合。

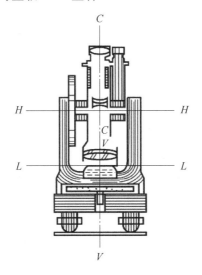

图 1-29 经纬仪的主要轴线

（2）照准部水准管轴的检验与校正。

①目的。当照准部水准管气泡居中时,应使水平度盘水平,竖轴铅垂。

②检验方法。将仪器安置好后,先使照准部水准管平行于一对脚螺旋的连线,转动这对脚螺旋使气泡居中;再将照准部旋转 180°,若气泡仍居中,说明此条件满足,即水准管轴垂

直于竖轴,否则应进行校正。

③校正方法。转动平行于水准管的两个脚螺旋,使气泡退回偏离零点的格数的一半,再用校正针拨动水准管的校正螺丝,使气泡居中。此时若圆水准器气泡不居中,则拨动圆水准器校正螺丝。

(3)十字丝纵丝的检验与校正。

①目的。使十字丝纵丝垂直于横轴。当横轴处于水平位置时,纵丝处于铅垂位置。

②检验方法。用十字丝纵丝的一端精确瞄准远处某点,固定水平制动螺旋和望远镜的制动螺旋,慢慢转动望远镜的微动螺旋。如果目标不离开纵丝,则说明此条件满足,即十字丝纵丝垂直于横轴,否则应进行校正。

③校正方法。要使纵丝铅垂,就要转动十字丝板座或整个目镜部分。十字丝板座和仪器连接的结构如图1-30所示,校正时,首先旋松压环固定螺丝,转动十字丝板座,直至纵丝铅垂,然后再旋紧压环固定螺丝。

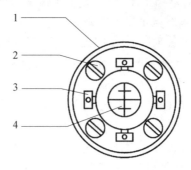

图1-30 十字丝板座和仪器连接的结构
1—镜筒;2—压环固定螺丝;3—十字丝校正螺丝;4—十字丝分划板

(4)照准轴的检验与校正。

①目的。使望远镜的照准轴垂直于横轴。照准轴不垂直于横轴的误差称为照准轴误差,它是由于十字丝交点的位置不正确而产生的。

②检验方法。选与照准轴近于在同一直线上的一点作为照准目标,盘左位置照准目标的读数为$a_左$,盘右位置再照准该目标的读数为$a_右$,如$a_左$与$a_右$的差值不等于$180°$,则表明照准轴不垂直于横轴,应进行校正。

③校正方法。以盘右位置读数为准,计算两次读数的平均数a。首先转动水平微动螺旋将度盘读数值配置为读数a,此时照准轴偏离了原照准的目标,然后拨动十字丝校正螺丝,直至照准轴再照准原目标为止,即照准轴与横轴相垂直。

(5)横轴的检验与校正。

①目的。使横轴垂直于竖轴。

②检验方法。将仪器安置在一个清晰的高目标附近,其仰角为$30°$左右。盘左位置照准高目标M点,固定水平制动螺旋,将望远镜大致放平,在墙上或横放的尺上标出m_1点,如图1-31所示。纵转望远镜,盘右位置仍然照准M点,放平望远镜,在墙上标出m_2点。如果m_1和m_2重合,则说明此条件满足,即横轴垂直于竖轴,否则应进行校正。

③校正方法。此项校正一般应由厂家或专业仪器修理人员进行。

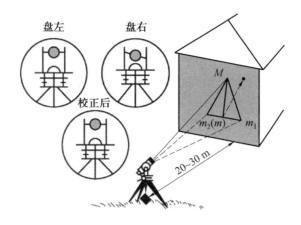

图 1—31　经纬仪横轴的检验

(6)指标差的检验与校正。

①目的。使竖盘指标差 X 为零,指标处于正确的位置。

②检验方法。安置经纬仪于测站上,用望远镜在盘左、盘右两个位置观测同一目标,当竖盘指标水准管气泡居中时,分别读取竖盘读数,计算出指标差。如果指标差超过限差,则应进行校正。

③校正方法。求得正确的竖直角后,不改变望远镜在盘右所照准的目标位置,转动竖盘指标水准管微动螺旋,根据竖盘刻划注记形式,在竖盘上配置相应的盘右读数,此时竖盘指标水准管气泡必然不居中,用校正针拨动竖盘指标水准管上、下校正螺丝使气泡居中。对带补偿器的经纬仪仅需调节补偿装置。

(7)光学对中器的检验与校正。

①目的。使光学对中器照准轴与竖轴重合。

②检验方法。

a.装设在照准部上的光学对中器的检验。精确地安置经纬仪,首先在三脚架中央的地面上放一张白纸,由光学对中器的目镜观测,将光学对中器分划板的刻划中心标记于纸上,然后水平旋转照准部,每隔 120°用同样的方法在白纸上作出标记点,如三点重合,则说明此条件满足,否则应进行校正。

b.装设在基座上的光学对中器的检验。将仪器侧放在特制的夹具上,照准部固定不动,但基座可自由旋转,在距离仪器不小于 2 m 的墙壁上钉贴一张白纸,用与上述同样的方法转动基座,每隔 120°在白纸上作出标记点,若三点不重合,则应进行校正。

③校正方法。白纸上的三点构成误差三角形,绘出误差三角形外接圆的圆心。由于仪器的类型不同,因此校正的部位也不同。有的校正转向直角棱镜,有的校正分划板,有的校正两者均可。校正时均须通过拨动光学对中器上相应的校正螺丝调整目标偏离量的一半,并反复 1~2 次,直到照准部转到任何位置观测时目标都在中心圈以内为止。

光学经纬仪这 6 项检验与校正的顺序不能颠倒,而且照准部水准管轴垂直于竖轴的检验与校正是其他几项检验与校正的基础,这一条件不满足,其他几项检验与校正就不能正确进行。另外,竖轴不铅垂对测角的影响不能用盘左、盘右两个位置观测加以消除,所以此项检验与校正也是主要的项目。其他几项检验与校正在一般情况下有的对测角影响不大,有的可通过盘左、盘右两个位置观测来消除其对测角的影响,因此是次要的检验与校正项目。

4. 角度测量的误差及注意事项

由于多种原因,任何测量结果中都不可避免地会有误差,角度测量的误差可分为 3 类:仪器误差、观测误差、外界条件的影响导致的误差。

(1)仪器误差。

仪器误差包括两部分:一部分是仪器检查不完善所引起的残余误差,如照准轴不垂直于横轴的误差,以及横轴不垂直于竖轴的误差等;另一部分是由于仪器制造加工不完善引起的误差,如度盘偏心误差、度盘刻划误差等。

①照准轴不垂直于横轴的误差。照准轴不垂直于横轴的误差称为照准轴误差,其对水平方向观测值的影响为 $2c$,可以通过盘左、盘右两个位置观测取平均值来消除。

②横轴不垂直于竖轴的误差。横轴不垂直于竖轴的误差也称为支架误差,与照准轴误差一样,可以通过盘左、盘右两个位置观测取平均值来消除。

③竖轴倾斜误差。竖轴倾斜误差是由水准管轴垂直于竖轴的校正不完善而引起的,不能用盘左、盘右两个位置观测取平均值的方法消除。这种误差的影响与视线竖直角的正切成正比,因此要特别注意水准管轴垂直于竖轴的检验和校正,观测时认真整平仪器。

④度盘偏心误差。度盘偏心误差是由度盘加工不完善及安装不完善引起的,可以通过盘左、盘右两个位置观测取平均值来消除。

⑤度盘刻划误差。度盘刻划误差是由度盘的刻划不完善引起的,这项误差比较小,可通过多测回变换度盘起始位置读数的方法来消除。

(2)观测误差。

由于操作仪器时可能不够细心,以及眼睛分辨率和仪器性能的客观限制,在观测中不可避免地会存在误差,即观测误差,其包括以下几种。

①测站偏心误差。测角时,若经纬仪对中有误差,将使仪器中心与测站点不在同一铅垂线上,造成测角误差。对中误差引起的水平角观测误差与偏心距成正比,并与测站到观测点的距离成反比。因此,在进行水平角观测时,仪器的对中误差不应超出相应规范规定的范围,特别是对短边的角度进行观测时,更应该精确对中。

②目标偏心误差。目标偏心误差是指实际瞄准的目标位置偏离测站地面标志点而产生的误差。目标偏心是由目标点的标志倾斜引起的。在观测点上一般都会竖立标杆,当标杆倾斜而又瞄准其顶部时,标杆越长,瞄准点越高,则产生的方向值误差越大;另外,目标偏心对测角的影响与距离成反比,在距离较短时,应特别注意目标偏心。为了减少目标偏心对水平角观测的影响,观测时,标杆要准确而竖直地立在观测点上,并且尽量瞄准标杆的底部。

③瞄准误差。引起瞄准误差的因素很多,如望远镜孔径、分辨率、放大率、十字丝粗细等,人眼的分辨能力,目标的形状、大小、颜色、亮度和背景等,以及周围的环境、空气透明度、大气的湍流和温度等,其中望远镜放大率的影响最大。经计算 DJ6 型光学经纬仪的瞄准误差为 $\pm 2'' \sim \pm 2.4''$。所以,即使观测者认真仔细地照准目标,仍不可避免地存在瞄准误差,故此项误差无法消除,只能注意改善影响照准精度的各项因素,严格按要求进行照准操作,同时观测时应注意消除视差,调清十字丝,以减小瞄准误差的影响。

④读数误差。读数误差与读数设备、照明情况和观测者的经验有关。一般来说,主要取决于读数设备。对于 DJ6 型光学经纬仪,估读误差不超过分划值的 $1/10$,即不超过 $\pm 6''$。

如果照明情况不佳,读数显微镜存在视差,以及观测者读数不熟练,就会使估读误差增大。因此,在观测中必须严格按要求进行操作,使照明亮度均匀,仔细地对读数显微镜调焦,准确估读,尽可能减小读数误差的影响。

⑤整平误差。若仪器未能精确整平或在观测过程中水准管气泡不再居中,竖轴就会偏离铅垂位置。此项误差的影响与观测目标时的竖直角大小有关,当观测目标与仪器视线大致同高时,影响较小;若观测目标的竖直角较大,则整平误差的影响明显增大,此时应特别注意认真整平仪器。当发现水准管气泡偏离零点超过一格以上时,应重新整平仪器,重新观测。

(3)外界条件的影响导致的误差。

观测是在一定的条件下进行的,外界条件对观测质量会有直接的影响,如松软的土壤和大风会影响仪器的稳定,日晒和温度变化会影响水准管气泡的运动,大气层受地面热辐射的影响会引起目标影像的跳动等,这些都会给观测结果带来误差。因此,要选择目标成像清晰稳定的有利时间进行观测,设法克服或避开不利条件的影响,以提高观测成果的质量。

任务六　全站仪

1. 全站仪简介

全站仪,即全站型电子速测仪(electronic total station),是一种集光、机、电为一体,具有测量水平角、垂直角、距离、高差、坐标等功能的测绘仪器,是光电技术的产物,是智能化的测量产品,因其安置一次仪器就可完成该测站上全部测量工作,所以称之为全站仪,是目前各工程单位进行测量和放样的主要仪器,它的应用使测量人员从繁重的测量工作中解脱出来。与光学经纬仪比较,全站仪将光学度盘换成光电扫描度盘,用自动记录和显示读数取代人工光学测微读数,使测角操作简单化,且可避免读数误差的产生。全站仪的自动记录、储存、计算及数据通信功能,提高了测量作业的自动化程度。

借助机载程序,全站仪可具有多种测量功能,如计算并显示平距(即水平距离)、高差及测站点的三维坐标,进行坐标测量、放样测量、偏心测量、悬高测量、对边测量、后方交会测量、面积计算等。

全站仪由光电测角系统、光电测距系统、电子补偿系统和微处理器等组成,它本身就是一个带有特殊功能的计算机控制系统,其微机处理装置由微处理器、存储器、输入部分和输出部分组成,由微处理器对获取的倾斜距离、水平角、垂直角、垂直轴倾斜误差、照准轴误差、垂直度盘指标差、棱镜常数、气温、气压等信息加以处理,从而获得各项修正后的观测数据和计算数据。在仪器的只读存储器中固化了测量程序,测量过程由测量程序完成。

全站仪结构原理框图如图1—32所示,其主要由测量部分(包括测角部分和测距部分)、中央处理单元、输入/输出部分,以及电源部分等组成。

全站仪各部分的作用如下。

(1)测角部分相当于电子经纬仪,可以测定水平角、竖直角和设置方位角。

(2)测距部分相当于光电测距仪,一般采用红外光源,测定至目标点(设置反光棱镜或反光片)的斜距,并可归算为平距及高差。

(3)中央处理单元接收输入指令,分配各种观测作业,进行测量数据的运算,如多测回取

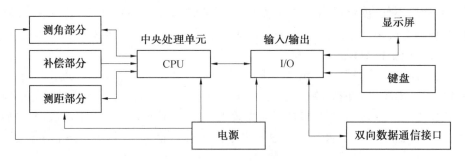

图 1—32　全站仪结构原理框图

平均值、观测值的各种修正、极坐标法或交会法的坐标计算,在全站仪的数字计算机中还提供有程序存储器。

(4)输入/输出部分包括键盘、显示屏和双向数据通信接口。从键盘可以输入操作指令、数据和设置参数;显示屏可以显示出仪器当前的工作方式(mode)、状态、观测数据和运算结果;双向数据通信接口使全站仪能与磁卡、磁盘、微机交互通信,传输数据。

(5)电源部分有可充电式电池,供给其他各部分电源,包括望远镜十字丝和显示屏的照明。

目前,全站仪在现代工程中基本得到普及,世界上许多著名测绘仪器厂商均生产各种型号的全站仪。例如,日本索佳(SOKKIA)、尼康(Nikon)、托普康(TOPCON)、宾得(PEN-TAX),瑞士徕卡,德国蔡司(Zeis),美国天宝(Trimble),我国南方 NTS 系列、苏光 OTS 系列、RTS 系列,等等。各种不同品牌、型号的全站仪其外形和结构各不相同,但其使用功能却大同小异。图 1—33 所示为索佳 SET10K 系列全站仪。

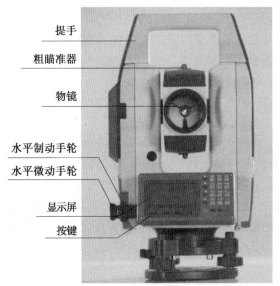

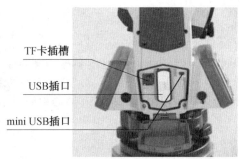

图 1—33　索佳 SET10K 系列全站仪

2. 全站仪部件名称及功能

(1)全站仪整体构造。

海星达 ATS-320R 全站仪采用光电一体式双轴补偿器,不仅拥有美观的创新型机身设计,更具有引领业界的内芯主板架构,模块化功能设计支持多项功能扩展,此外,其快速精准的测距测角技术和丰富的机载程序是测量工作中的得力助手。测角精度 2″;最小读数 1″/5″/10″(可选);望远镜放大倍数 30;最短视距 1.5 m;内存数据容量20 000数据点;精度 1 mm(仪器高 1.5 m);使用单棱镜距离大气一般/好分别为 2 000 m/2 500 m;采用一体化的温度气压传感装置,工作温度范围-20 ℃~+50 ℃;键盘为双面数字背光键盘;利用 3G 通信进行测量数据的上传下载,远距离无线蓝牙通信;采用大容量高能锂电池,具有超长工作时间。全站仪整体构造主要分为照准部和基座两大部分。

①照准部。

照准部的望远镜可以在平面内和垂直面内做 360°的旋转,便于照准目标。为了精确照准目标,设置了水平制动、垂直制动、水平微动和垂直微动螺旋。全站仪的制动与微动螺旋设计在一起,外螺旋用于制动,内螺旋用于微动。望远镜上下的粗瞄器用于镜外粗照。望远镜目镜端有目镜调焦螺旋和物镜调焦螺旋,用于获得清晰的目标影像。显示屏用于显示观测结果和仪器工作状态,旁边的操作键和软按键用于实现各种功能的操作。

②基座。

基座用于仪器的整平和三脚架的连接。旋转脚螺旋可以改变仪器的水平状态,仪器的水平状态可以通过圆水准器和水准管反映出来。圆水准器用于粗平,水准管用于精平。电池为仪器供电,可卸下充电,充好电后再装上。为了方便仪器的装卸,全站仪一般在照准部的上部设置了提手。

(2)全站仪键盘功能。

全站仪的构造与经纬仪相似,区别主要是全站仪上有一个可供进行各项操作的键盘。下面对全站仪的键盘功能进行介绍。

如图 1-34 所示,海星达 ATS-320R 全站仪的键盘有 24 个按键,软按键 4 个、操作键 8 个和数字/字母键 12 个。

ANG 键:进入角度测量模式。在其他模式下,光标上移或向上选取选择项。

DIST 键:进入距离测量模式。在其他模式下,光标下移或向下选取选择项。

CORD 键:进入坐标测量模式。在其他模式下,光标左移或向前翻页或辅助字符输入。

MENU 键:进入菜单模式。在其他模式下,光标右移或向后翻页或辅助字符输入。

ENT 键:接受并保存数据输入并结束对话。在测量模式下打开/关闭直角蜂鸣功能。

ESC 键:结束对话,但不保存其输入。

电源开关:控制电源的开/关。

数字/字母键:输入数字或字母或选取菜单项。

⋅ 和 ± :输入符号、小数点、正负号。

星键:用于仪器若干常用功能的操作。凡有测距的界面,按星键都进入显示对比度、夜照明、补偿器开关、测距参数和文件选择界面。

软按键:显示屏最下一行与这些键正对的反转显示字符指明了这些按键的含义,F1～

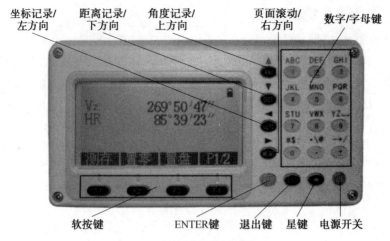

坐标记录/左方向　距离记录/下方向　角度记录/上方向　页面滚动/右方向　数字/字母键

软按键　　　　　ENTER键　退出键　星键　电源开关

图 1—34　全站仪操作键盘

F4 称为软按键,这些软按键是为了减少键盘上的键数而设置的,一个键可以代表多个功能,当前键位上的提示是当前的功能,有些暂时不用的功能被隐藏,当需要使用时再按一定的方法将其定义在键位上,这种操作称为键功能分配。

（3）显示屏显示符号意义。

显示屏显示符号意义见表 1—1。

表 1—1　显示屏显示符号意义

显示符号	意义
Vz	天顶距
V0	正镜时的望远镜水平时为 0°的垂直角显示模式
Vh	竖直角模式(水平时为 0°,仰角为正,俯角为负)
V%	坡度模式
HR	水平角(右角),dHR 表示放样角差
HL	水平角(左角)
HD	水平距离,dHD 表示放样平距差
VD	高差,dVD 表示放样高差之差
SD	斜距,dSD 表示放样斜距之差
N	北向坐标,dN 表示放样 N 坐标差
E	东向坐标,dE 表示放样 E 坐标差
Z	高程坐标,dZ 表示放样 Z 坐标差
📋 📑⊞	EDM(电子测距)正在进行
m	以米为单位
ft	以英尺(ft)为单位(1 ft=12 in=0.304 8 m)

续表1—1

显示符号	意义
fi	以英尺与英寸(in)为单位,小数点前为英尺,小数点后为百分之一英寸
X	点投影测量中沿基线方向上的数值,从起点到终点的方向为正
Y	点投影测量中垂直偏离基线方向上的数值
Z	点投影测量中目标的高程
Inter Feet	国际英尺
US Feet	美国英尺
MdHD	最大距离残差,衡量后方交会的结果用

(4)常用软按键提示说明(表1—2)。

表 1—2 常用软按键提示说明

软按键提示	说明
回退	删除当前编辑框中插入符的前一个字符
清空	删除当前编辑框中输入的内容
确认	结束当前编辑框的输入,插入符转到下一个编辑框以便进行下一个编辑框的输入。如果界面中只有一个编辑框或无编辑框,该软按键也用于接受输入并退出对话
输入	进入坐标输入界面,从键盘输入坐标
调取	从坐标文件中导入坐标数
信息	显示当前点的点名、编码、坐标等信息
查找	列出当前坐标文件的点,供逐点选择;或列出当前编码文件的编码,供逐个选择
查看	显示当前选择条所对应记录的详细内容
设置	进行仪器高和目标高的设置
测站	输入仪器所安置的站点的信息
后视	输入目标所在点的信息
测量	启动测距仪测距
测存	在坐标、距离测量模式下启动测距仪测距:保存本次测量的结果,点名自动加1。补偿器超范围时不能保存
补偿	显示竖轴倾斜值
照明	开/关背光、分划板照明
参数	设置测距气象参数、棱镜常数,显示测距信号

(5)基本测量模式下软按键的功能。

①角度测量模式下软按键的功能。

角度测量模式共有两个菜单界面,如图1—35所示。为方便说明,这里将不同页面的菜单内容在同一张图片中显示。

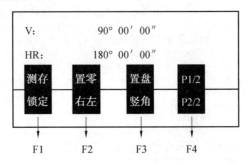

图1—35　角度测量模式的菜单界面

表1—3为角度测量模式下软按键的功能。

表1—3　角度测量模式下软按键的功能

页面	软按键	显示符号	功能
1	F1	测存	将角度数据记录到选定的测量文件中
	F2	置零	水平角置零
	F3	置盘	通过键盘输入并设置所期望的水平角,角度不大于360°
	F4	P1/2	显示第2页软按键功能
2	F1	锁定	水平角读数锁定
	F2	右左	水平角右角/左角显示模式的转换
	F3	竖角	垂直角显示方式(高度角/天顶距/水平零/斜度)的切换
	F4	P2/2	显示第1页软按键功能

ENT键用于打开/关闭直角蜂鸣功能,显示屏提示"开直角蜂鸣"或"关直角蜂鸣",在测量模式下都有效。

星键用于设置仪器显示对比度、夜照明、补偿器开关、测距参数和文件选择,在基本测量模式下都有效。

②距离测量模式下软按键的功能。

距离测量模式共有两个菜单界面,如图1—36所示。

表1—4为距离测量模式下软按键的功能。

```
V:                  90° 00′ 00″

HR:                 180° 00′ 00″

斜距：*单次

平距：

高差：

  测存      测量      模式      P1/2

  偏心      放样      m/f/i     P2/2
```

图 1-36　距离测量模式的菜单界面

表 1-4　距离测量模式下软按键的功能

页面	软按键	显示符号	功能
1	F1	测存	启动距离测量,将测量数据记录到相对应的文件中(测量文件和坐标文件在数据采集菜单功能中选定或通过键选择)
	F2	测量	启动距离测量
	F3	模式	设置 4 种测距模式(单次精测/N 次精测/重复精测/跟踪)之一
	F4	P1/2	显示第 2 页软按键功能
2	F1	偏心	启动偏心测量功能
	F2	放样	启动距离放样
	F3	m/f/i	设置距离单位(米/英尺/英尺与英寸)
	F4	P2/2	显示第 1 页软按键功能

③坐标测量模式下软按键的功能。

坐标测量模式共有三个菜单界面,如图 1-37 所示。

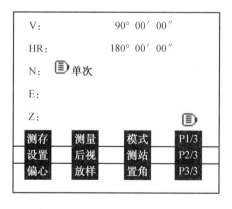

图 1-37　坐标测量模式的菜单界面

表 1-5 为坐标测量模式下软按键的功能。

表1—5　坐标测量模式下软按键的功能

页面	软按键	显示符号	功能
1	F1	测存	启动坐标测量,将测量数据记录到相对应的文件中
	F2	测量	启动坐标测量
	F3	模式	设置4种测距模式(单次精测/N次精测/重复精测/跟踪)之一
	F4	P1/3	显示第2页软按键功能
2	F1	设置	设置目标高和仪器高
	F2	后视	设置后视点的坐标,并设置后视角度
	F3	测站	设置测站点的坐标
	F4	P2/3	显示第3页软按键功能
3	F1	偏心	启动偏心测量功能
	F2	放样	启动放样功能
	F3	置角	设置方位角(与角度测量模式的"置盘"功能相同)
	F4	P3/3	显示第1页软按键功能

④其他说明。

a. 测存功能键。

单次或多次测量模式下测量完成时,立即会出现保存点界面,选择了"编辑点"后,可以修改点名、编码、目标高。

ENT键用于将坐标信息保存到测量文件。

星键用于将坐标信息同时保存到测量文件和坐标文件(见显示屏的提示),如果选择了"不编辑",测存后直接按照当前的点名和代码保存数据,保存后点名加1。

b. 星键作为功能键。

在需要测距的界面下,按下星键后,屏幕显示如图1—38所示,仪器设置如下。

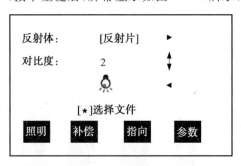

图1—38　星键模式

对比度:通过按上/下方向键,可以调节液晶显示对比度。

反射体:按右方向键可设置反射目标的类型。每按右方向键一次,反射目标便在棱镜、免棱镜、反射片之间转换。

表1—6为星键模式下软按键的功能。

表 1－6　星键模式下软按键的功能

软按键	显示符号	功能
F1	照明	打开/关闭背景光
F2	补偿	进入"补偿"显示功能界面,设置倾斜补偿的开/关。按左/右方向键可调节激光下对中亮度
F3	指向	在出可见激光束和不出可见激光束间切换
F4	参数	对棱镜常数、PPM 值、温度和气压进行设置,若配备了温度气压传感器,按 F1(温压)可以自动采集温度、气压并显示更新温度、气压、PPM 值等数据。并且可以查看回光信号的强弱。与测距有关的参数设置界面如图 1－39 所示,输入温度、气压后仪器自动解算出 PPM 值,如果对 PPM 值不满意,可以输入期望的 PPM 值,然后保存即可

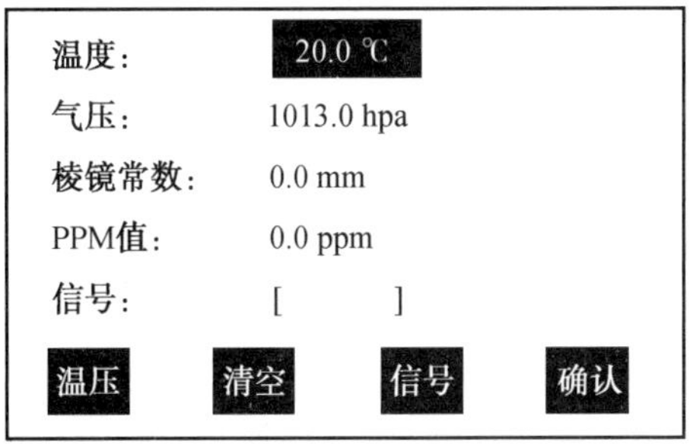

图 1－39　与测距有关的参数设置界面

3.全站仪的使用

(1)仪器开箱和存放。

①开箱。

轻轻地放下箱子,让箱盖朝上,打开箱子的锁栓,开箱盖,取出仪器。

②存放。

盖好望远镜镜盖,使照准部的垂直制动手轮和基座的水准器朝上,使仪器平卧(望远镜物镜端朝下)放入箱中,轻轻旋紧垂直制动手轮,盖好箱盖,并关上锁栓。

(2)安装电池。

在测量前首先要检查内部电池的充电情况,电池剩余容量显示级别与当前的测量模式有关,在角度测量模式下电池剩余容量够用并不能够保证其在距离测量模式下也够用,因为距离测量模式耗电高于角度测量模式,当从角度测量模式转换为距离测量模式时,有时由于电池容量不足会中止测距。整平仪器前应装上电池,以防止在安装电池时发生微小的倾斜。安装电池时,按压电池盒顶部按钮,使其卡入仪器中固定。如果电池电量不足,要及时充电。测量前安装上电池,测量结束后应把电池取下放置。

(3)开/关机。

按住电源开关(蜂鸣器会保持蜂鸣),直到显示屏出现如图 1－40 所示的开机界面,然后放开电源开关,仪器开机。自检完毕后,自动进入角度测量模式。

开机状态下,按住电源开关,则弹出如图 1－41 所示的关机界面,按 ENT 键即关机。

图 1—40　开机界面

Enter->关机

ESC->取消

3 秒后自动取消

图 1—41　关机界面

（4）安装仪器和对中与整平。

①利用垂球对中与整平。

先将三脚架打开，使三脚架的三腿近似等距，并使顶面近似水平，拧紧三个固定螺旋，使三脚架的中心与测点近似位于同一铅垂线上，踩紧三脚架使之牢固地支撑于地面上。将仪器小心地安置到三脚架顶面上，用一只手握住仪器，另一只手松开中心连接螺旋，在顶面上轻移仪器，直到垂球对准测站标志的中心，然后轻轻拧紧中心连接螺旋。

圆水准器粗平：旋转两个脚螺旋，使圆水准器气泡移到与这两个脚螺旋中心连线相垂直的直线上，再旋转另一个脚螺旋，反复调整，使圆水准器气泡居中。

水准管精平：松开水平制动螺旋，转动仪器使水准管平行于某对脚螺旋的连线，再以相对方向旋转脚螺旋，使水准管气泡居中。将仪器绕竖轴旋转90°，再旋转另一个脚螺旋，使水准管气泡居中，再次旋转仪器90°，重复之前的步骤，直到任意位置上水准管气泡都居中为止。

②利用对中器对中与整平。

将三脚架伸缩到适当高度，使三腿等长、打开，并使三脚架顶面近似水平，且位于测站点的正上方。将三脚架腿支撑在地面上，使其中一条腿固定。将仪器小心地安置到三脚架上，拧紧中心连接螺旋，调整光学对中器，使十字丝成像清晰（如为激光对中器则通过星键打开激光对中器即可）。双手握住另外两条未固定的三脚架腿，通过对光学对中器的观察调节这两条腿的位置。当光学对中器大致对准测站点时，使三脚架三条腿均固定在地面上。调节全站仪的三个脚螺旋，使光学对中器精确对准测站点。

圆水准器粗平：调整三脚架三条腿的长度，使全站仪圆水准器气泡居中。

水准管精平：松开水平制动螺旋，转动仪器使水准管平行于某对脚螺旋的连线，再以相对方向旋转脚螺旋，使水准管气泡居中。将仪器绕竖轴旋转90°，再旋转另一个脚螺旋，使水准管气泡居中，再次旋转仪器90°，重复之前的步骤，直到任意位置上水准管气泡都居中为止。

通过对对中器的观察，轻微松开中心连接螺旋，平移仪器（不可旋转仪器），使仪器精确对准测站点。再拧紧中心连接螺旋，再次精平仪器。

此项操作重复至仪器精确对准测站点为止,通常利用对中器对中。

(5)初始设置。

①设置垂直角和水平角的倾斜改正。

当启动倾斜传感器时,仪器将显示由于仪器不严格水平而需对垂直角自动施加改正。为了确保角度测量的精度,尽量选用倾斜传感器,其显示也可以用来更好地整平仪器。若出现"补偿超出"提示,则表明仪器倾斜超出自动补偿的范围,必须调整脚螺旋进行整平。

全站仪的补偿设置有打开和关闭两种状态。当仪器处于一个不稳定状态或在有风天气条件下,垂直角显示将是不稳定的,在这种状况下关闭补偿是合适的,这样可以避免因抖动引起的补偿超出工作范围,仪器提示错误信息,而中断测量。可以通过星键实现关闭补偿的功能。

②设置反射棱镜常数。

当使用棱镜作为反射体时,须在测量前设置好棱镜常数。一旦设置了棱镜常数,关机后该常数仍被保存。在星键模式下按 F4(参数)软按键,出现如图 1-42 所示的界面,按 F4(确认)软按键将插入符下移到棱镜常数的参数栏直接输入。市面上目前流行的棱镜的棱镜常数有-30 mm 和 0 两种,使用时应加以区分。

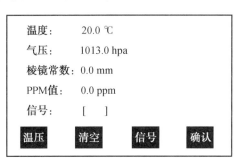

温度:	20.0 ℃
气压:	1013.0 hpa
棱镜常数:	0.0 mm
PPM值:	0.0 ppm
信号:	[　]

| 温压 | 清空 | 信号 | 确认 |

图 1-42　棱镜常数设置界面

③回光信号检测。

回光信号检测功能显示 EDM(测距仪)的回光信号强度。利用该功能可以在较恶劣的条件下得到尽可能理想的瞄准效果。当目标难以寻找时,使用该功能可容易地照准目标。在星键模式下按 F4(参数)软按键,出现如图 1-42 所示的界面,按 F3(信号)软按键,在界面中"信号"提示处即显示当前的回光信号水平,最小可测水平为不小于1,操作其他软按键则退出回光信号检测。

④设置大气改正。

距离测量时,距离值会受测量时大气条件的影响。为了降低大气条件的影响,距离测量时须使用气象改正参数进行改正,其中,温度为仪器周围的空气温度;气压为仪器周围的大气压;PPM 值为计算和预测的气象改正值。海星达 ATS-320R 全站仪标准气象条件即仪器气象改正值为 0 时的气象条件:气压 1 013 hPa,温度 20 ℃。由温度和气压计算气象改正值的方法如下。

预先测得测站周围的温度和气压,例如温度+25 ℃,气压 1 017.5 hPa。

使用"确认"软按键,将插入符移到"温度:"编辑框,输入"25.0"。

使用"确认"软按键,将插入符移到"气压:"编辑框,输入"1 017.5"。

使用"确认"软按键,将插入符移到"棱镜常数:"编辑框,"PPM 值"编辑框中显示"3",再按 ENT 键保存参数,系统提示"已保存"并退出对话。

⑤大气折光和地球曲率改正。

仪器在进行平距测量和高差测量时,可对大气折光和地球曲率的影响进行自动改正。

(6)反射棱镜的安置。

当全站仪用棱镜模式进行距离测量时,须在目标处放置反射棱镜。反射棱镜为单(叁)棱镜组,可通过基座连接器将棱镜组与基座连接并安置到三脚架上,也可直接安置在对中杆上。

(7)基座的拆卸/安装。

①拆卸。

如有需要,三角基座可从仪器(含采用相同基座的反射棱镜基座连接器)上卸下,先用螺丝刀松开基座锁定钮固定螺丝,然后逆时针转动锁定钮约 180°,即可使仪器与基座分离。

②安装。

把仪器上的三个固定螺旋对应放入基座的孔中,使仪器装在三角基座上,顺时针转动锁定钮 180°使仪器与基座锁定,再用螺丝刀将锁定钮固定螺丝左向旋出以固定锁定钮。

(8)望远镜目镜调整和目标照准。

将望远镜对准明亮天空,旋转目镜筒,调焦看清十字丝(先朝自己方向旋转目镜筒,再慢慢旋进调焦看清楚十字丝);利用粗瞄准器内的十字中心瞄准目标点,照准时眼睛与瞄准器之间应保持适当距离(约 200 mm);利用望远镜调焦螺旋使目标清晰成像在分划板上。

当眼睛在目镜端上下或左右移动发现有视差时,说明调焦或目镜屈光度未调好,这将影响测角的精度,应仔细调焦并调节目镜筒消除视差。

4.全站仪测量模式

(1)角度测量模式。

开机后仪器自动进入角度测量模式,也可在基本测量模式下按 ANG 键进入角度测量模式。角度测量模式共两个界面,可用软按键 F4 在两个界面中切换,如图 1—43 所示,两个界面中的功能,第一个界面是测存、置零、置盘,第二个界面是锁定、左右、竖角,这些功能的描述如下。

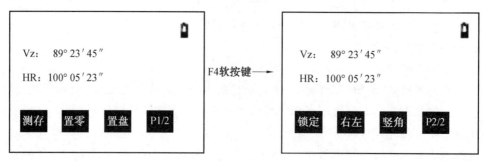

图 1—43　角度测量模式界面

①测存。

测存是保存当前的角度数据到选定的测量文件中。按 F1(测存)软按键后,出现输入测点信息界面,要求输入所测点的点名、编码、目标高。其中,点名的序号是上一个点名序号自动加 1;编码根据需要输入;目标高根据实际情况输入。按 ENT 键则数据保存到测量文件。当补偿超出范围时,仪器提示"补偿超出!",角度数据不能存储。

系统中的点名是按序号自动加 1 的,如果需要修改可使用数字、字母键修改,如果不需要修改点名、编码、目标高,按 ENT 键即可系统保存记录,并提示"记录完成",提示框显示 0.5 s 后自动消失。

②置零。

置零是将水平角设置为 0。按 F2(置零)软按键后系统询问"确认[置零]?",按 ENT 键置零,按 ESC 键退出置零操作。

③置盘。

置盘是将水平角设置成需要的角度。按 F3(置盘)软按键,进入设置水平角界面,如图 1—44 所示,进行水平角的设置。在度分秒显示模式下,如需输入 123°45′56″,只需在输入框中输入 123.4556,其他显示模式下正常输入。

图 1—44　设置水平角界面

按 F4(确认)软按键确认输入,按 ESC 键取消,角度大于 360° 时提示"置角超出!"。

④锁定。

此功能是设置水平角度的另一种形式。转动照准部到相应的水平角度后,按 F1(锁定)软按键,此时再次转动照准部。转动照准部瞄准目标后,再次按下 F1(锁定)软按键,则水平角以新的位置为基准重新进行水平角的测量。此模式下,除 F1 软按键外,其他按键无反应。

⑤右左。

按 F2(右左)软按键,使水平角显示状态在 HR 和 HL 之间切换。HR 表示右角模式,照准部顺时针旋转时水平角增大;HL 表示左角模式,照准部顺时针旋转时水平角减小。

⑥竖角。

按 F3(竖角)软按键,竖直角显示模式在 Vz,V0,Vh,V% 之间切换。Vz 表示天顶距模式;V0 表示以正镜望远镜水平时为 0° 的垂直角显示模式;Vh 表示竖直角模式,望远镜水平时为 0°,上仰为正,下俯为负;V% 表示坡度模式,坡度的表示范围为 -99.999 9%~99.999 9%,超出此范围显示"超出!"。如果补偿超出 ±210″ 的范围,则垂直角显示框中将显示"补偿超出!"。在设置水平角时,所置入的水平角为目标点的方位角,又称坐标方位角。

(2)距离测量模式。

按 DIST 键进入距离测量模式,距离测量模式共两个界面,可用 F4 软按键在两个界面中切换,如图 1—45 所示,两个界面中的功能,第一个是测存、测量、模式,第二个是偏心、放样、m/f/i,这些功能的描述如下。

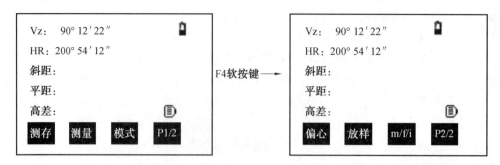

图 1—45　距离测量模式界面

①测存。

按 F1(测存)软按键后,出现输入测点信息界面,要求输入所测点的点名、编码、目标高。其中,点名的序号是上一个点名序号自动加 1;编码根据需要输入;目标高根据实际情况输入。按 ENT 键则数据保存到测量文件。当补偿超出范围时,仪器提示"补偿超出!",距离测量无法进行,距离数据也不能存储。

②测量。

测量距离并显示斜距、平距、高差。在连续或跟踪模式下,可用 ESC 键退出距离测量模式。

③模式。

用于选择测距仪的工作模式,分别是:单次、多次、连续、跟踪。按下 F3(模式)软按键后,弹出选择菜单,如图 1—46 所示,可使用上/下方向键移动选项指针,移动至相应的选项后,按 ENT 键确认;当移动到"多次"选项时,用左/右方向键可以使多次测量的测量次数在 3～9 次范围内改变。

图 1—46　测距仪工作模式选择菜单

④偏心。

进入偏心测量功能界面。

⑤放样。

进入距离放样功能界面,其界面如图 1—47 所示,此界面下按 F3(模式)软按键可使所输入距离的模式在"平距""高差"和"斜距"之间切换,默认模式为平距模式。输入距离后,按 F4(确认)软按键进入距离放样模式,此后按 F2 软按键可以得到放样的结果。

dSD:所测斜距与期望斜距之差,如果为正表示所测斜距比期望斜距大,说明棱镜要向仪器移动。

dHD:所测平距与期望平距之差,如果为正表示所测平距比期望平距大,说明棱镜要向仪器移动。

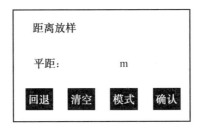

图1－47　距离放样功能界面

dVD：所测高差与期望高差之差，如果为正表示所测高差比期望高差大，说明棱镜要向下移动（挖方）。

每次放样完毕，按F4软按键切换到第2页，按F2软按键可以继续进行放样，按DIST键可返回距离测量模式。

⑥m/f/i。

使距离显示模式在米、英尺、英尺＋英寸之间切换。

（3）坐标测量模式。

按CORD键进入坐标测量模式。坐标测量示意图如图1－48所示，进行坐标测量时务必做好仪器的测站点坐标设置、方位角设置、目标高和仪器高的输入工作。

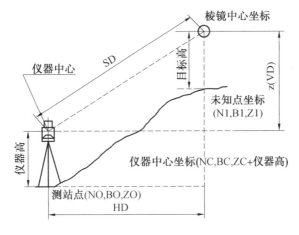

图1－48　坐标测量示意图

坐标测量模式共三个界面，可用F4软按键在三个界面中切换，如图1－49所示。三个界面中的功能，第一个界面是测存、测量、模式，第二个界面是设置、后视、测站，第三个界面是偏心、放样、置角，这些功能的描述如下。

①测存。

在第一个界面中，按F1软按键后，出现输入测点信息界面（如果设置了"不编辑"，则直接保存点信息；如果事先没有选择过测量文件，此时出现选择文件界面要求选择文件；如果选择了"检查重名点"，若有同名坐标点会提示不可保存），要求输入所测点的点名、编码、目标高。其中，点名的序号是在上一个点名序号自动加1；编码根据需要输入或调取；目标高根据实际情况输入。按ENT键可将数据保存到测量文件，保存的坐标点可以通过"测出点"功能进行调取。按ESC键则不保存。当补偿超出范围时，仪器提示"补偿超出！"，距离

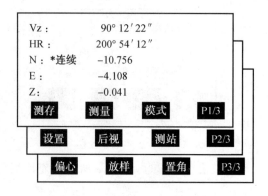

图 1-49　坐标测量模式界面

测量无法进行,坐标数据也不能存储。

②测量。

在第一个界面中,按 F2 软按键后,启动测距仪,计算出目标点的坐标并显示出来,如果当前测距仪工作模式为连续或跟踪,则连续按 ESC 键可退出测距,也可以使用 ANG 或 DIST 键切换到角度测量模式或距离测量模式,并自动停止坐标测量。

③模式。

此功能与距离测量模式中的模式相同。

④设置。

在第二个界面中,按 F1 软按键进入仪器高和目标高输入界面,输入完成后按 ENT 键接受并保存数据,按 ESC 键退出输入界面,本次输入不保存,通常想查看仪器高和目标高时,也使用此方式。仪器高和目标高输入界面如图 1-50 所示。

图 1-50　仪器高和目标高输入界面

仪器对仪器高和目标高的输入是有要求的,当其值超出 ±99.999 时,使用 ENT 键时系统提示"仪器高超出"和"目标高超出"。如果希望本次的输入在下次开机后也有效则按"保存"按钮,将仪器高和目标高存到系统文件中。

⑤后视。

在第二个界面中,按 F2 软按键后,进入后视坐标输入界面,如图 1-51 所示。输入后视坐标是为了建立大地坐标与仪器坐标之间的联系(本功能与测站功能一起使用),设置后视点之后,要求瞄准目标点,确认后,仪器计算出后视点方位角,并将仪器的水平角显示成后视点方位角,从此建立仪器坐标与大地坐标的联系,此过程称为"设站"。为了避免重复动作,在此功能操作之前先进行测站功能的操作,然后进行后视坐标的输入并定向。定向时精确瞄准目标。定向操作也可以在角度测量模式或本功能中,通过"置角""置盘""锁定"的方法来实现,如果定向已在角度测量模式下实现,则此时的后视功能操作就不是必需的。

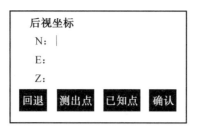

图 1—51　后视坐标输入界面

后视坐标的输入可以通过键盘输入、测出点调取、已知点调取 3 种方式实现。按 F3(已知点)软按键,从当前坐标文件中选择一个期望的点,进入点列表界面,如图 1—52 所示。按上/下方向键选择点后,按 ENT 键确定选择。如果找不到则保持原来的坐标并提示"文件中没有记录"。按 F2(测出点)软按键,则从当前的测量文件中调取坐标数据,操作同已知点调取类似。

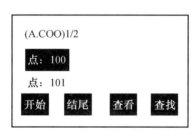

图 1—52　点列表界面

因为在调取坐标时可以方便地更换文件,可以将坐标文件或代码文件进行分类后保存成一个个小文件,然后再使用。这样,既便于对点名的记忆,又可提高仪器查找点的速度。

当用 ENT 键结束对话时,系统提示瞄准后视点,以便进行后视定向。

⑥测站。

其输入操作可参照后视坐标的输入方法执行,该操作应在设置后视点之前进行。

⑦偏心。

在第三个界面中,按 F1 软按键进入偏心功能界面,其是为那些在待测点处无法放置棱镜或无法实现测距而需要获取待测点坐标信息的情况而设计的。偏心功能又分为角度偏心、距离偏心(单距和双距)、平面偏心和圆柱偏心 4 个小功能。

⑧放样。

在第三个界面中,按 F2 软按键进入坐标放样功能界面。使用放样功能可以将设计的数据传送给地面点。

⑨置角。

在第三个界面中,按 F3 软按键可以输入此时的后视方位角。注意:此时必须瞄准后视点。

5. 菜单操作

基本测量模式下,按 MENU 键出现菜单界面,如图 1—53 所示。

菜单
1. 数据采集
2. 放样
3. 文件管理
4. 程序
5. 参数设置
6. 校正
7. 格网因子
8. USART 输入输出定向
9. 选择盘

图 1－53　菜单界面

在菜单界面中，可以使用的功能键如下。

▲：选择条向上移动一条。

▼：选择条向下移动一条。

◀：选择条向上移动五条。

▶：选择条向下移动五条。

ENT 键：执行当前选择的操作。

ESC 键：退出当前的菜单操作。

加速键(1～9)：在每一个菜单项前都有 1～9 的数字字符，这是菜单的加速键，当按下相应的数字键时，该菜单项所对应的功能被执行，建议使用这种便捷的方式来操作菜单。

(1)数据采集。

数据采集功能是对数据采集前准备工作的一个汇总。选择该功能后出现如图1－54所示界面。

1. 选取文件
2. 设置测站点
3. 设置后视点
4. 设置方位角
5. 数据采集顺序
6. 数据采集选项

图 1－54　数据采集界面

①选取文件。

选取文件界面如图 1－55 所示。测量前应选择保存仪器测量数据的测量文件，调取已知点所用的坐标文件，快速查取代码所用的编码文件等。至于线型文件则是道路放样所必需的文件。这些文件的选择并非都是必需的。当需要保存测量数据时，测量文件必须选择；当需要调取坐标时，坐标文件必须选择。如进行放样操作时，有大量的放样坐标数据需要输入仪器，此时，可以利用这些文件通过文件导入功能将外部的点导入仪器的坐标文件中，当需要这些坐标数据时，将该文件选择为当前坐标文件，这样就可以在调取坐标时调用了。当需要调取代码信息时需要选择编码文件。

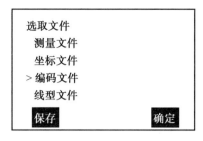

图 1－55 选取文件界面

②设置测站点。

该界面汇集了对测站点的全部信息的输入功能,如图 1－56 所示。测站点坐标的输入可以通过键盘输入和文件输入两种方式。当选择"输入"软按键时,通过键盘进行输入;当选择"调取"软按键时,和"查找"通过文件进行输入。

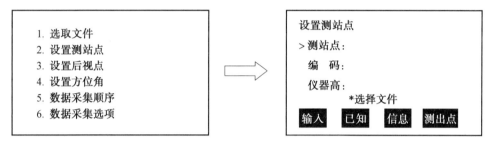

图 1－56 设置测站点界面

按 F1(输入)软按键,出现设置测站点编辑框,如图 1－57 所示。

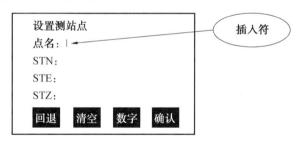

图 1－57 设置测站点编辑框

按 F3(数字)软按键切换到字母输入状态,如图 1－58 所示。

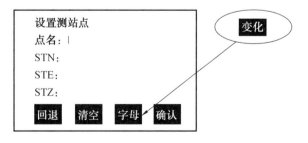

图 1－58 数字与字母输入状态切换界面

③设置后视点。

该功能的调取点与设置测站点的一致。设置后视点的作用是使仪器坐标与大地坐标产生联系，输入后视点坐标后，还需要瞄准后视点进行后视定向。后视方位角设定后仪器显示的水平角度即是大地方位角。

在输入或调取了后视点后，提示"请瞄准后视点"，确定定向，按 ENT 键，否则按 ESC 键；按 ENT 键后，显示后视点坐标，按"检查"软按键可以对后视点进行测量，检查结果。

测量后，显示理论上的距离值及测量的差值，按"坐标"软按键则显示测量的当前后视点坐标，可以与输入的后视点坐标进行对比，如图 1—59 所示。按"保存"软按键则保存后视点测量数据。

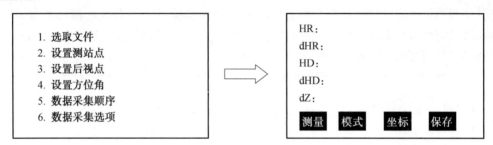

图 1—59　设置后视点界面

④设置方位角。

该功能与设置后视点的目的是同样的，只是该功能是在后视点的方位角已知的情况下才可进行的。直接瞄准后视点输入后视方位角即可。一次建站只须选择"设置后视点"和"设置方位角"之一，用于后视定向。

⑤数据采集顺序。

如图 1—60 所示，按"观测"软按键后，若设置的是"先采集"，则开始进行坐标测量，测量成功后，显示"记录"软按键，按"记录"软按键，进入编辑点名界面，编辑好点名、代码等并进行保存；若设置的是"先编辑"，则按"观测"软按键后，进入编辑点名、代码等数据的界面，确定后进行测量，按"记录"软按键保存数据。

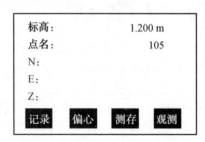

图 1—60　数据采集顺序界面

按"偏心"软按键，转到偏心功能菜单，可以进行偏心测量。

按"测存"软按键，则启动测距，测量成功后自动保存坐标。

⑥数据采集选项。

a.采集顺序。

可以选择"先编辑"测点信息后测量，还是"先采集"后编辑。

b.同名检查。

可以选择是否进行坐标点的重名检查。选择"不检查",则在进行坐标测量后直接保存,不检查重名;选择"检查",则保存坐标时先检查是否有重名点,若存在则提示"找到同名点,ENT＞覆盖,ESC＞返回",按 ESC 键则返回,按 ENT 键则覆盖之前的点数据。将点名更换为不存在的点名后也可保存。

c.点名编辑。

可以选择自动测存是否需要编辑点名等数据。选择"手动输入",则测存时转入保存界面进行点名、编码等的输入;选择"系统自动",则测存直接进行数据保存后点名加 1。

d.记录选项。

可以指定在数据采集时显示的坐标顺序是"NEZ"还是"ENZ"。

（2）放样。

放样就是在地面上找出设计所需的点的操作。放样包括以下步骤:选择放样文件,可进行测站坐标数据、后视坐标数据和放样点数据的调用;设置测站点;设置后视点,确定方位角;输入所需的放样坐标,开始放样。放样界面如图 1－61 所示。设置测站点和设置后视点是放样前的准备工作,如果确认在其他的功能中已经进行了设置测站点和后视点的操作,这些操作也可以不做,设置测站点的操作方法参见坐标测量中的测站,设置后视点的操作方法参见坐标测量中的后视。设置后视点和方位角的目的是一样的,就是确定后视点的方位角,操作时一定要瞄准后视点。

放样

1. 仪高和标高
2. 设置测站点
3. 设置后视点
4. 设置方位角
5. 点放样
6. 极坐标法
7. 后方交会法
8. 间距放样
9. 输入坐标

图 1－61　放样界面

①点放样。

a.设置放样点。

如图 1－62 所示,坐标点既可以键盘输入又可以文件调取。如果按"测出点"或者"已知点"软按键,则坐标从文件中调取——这就要求事先选择文件,但也并非必要步骤,因为此时如果还没有选择文件,系统将提示从文件列表中选择文件;也可在此使用星键选择文件,然后从文件中调取坐标。调取点的方法参见测站部分说明。如果调取过点,则下次进入放样时,默认采用上次调取的文件和位置。

b.放样测量。

确认要放样的坐标后,按 ENT 键进入放样测量界面,如图 1－63 所示,按 F3 软按键,放样结果可在距离差与坐标之间切换。

图 1—62　设置放样点界面

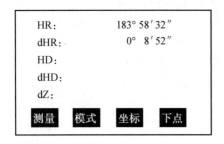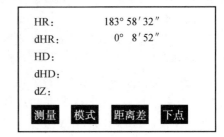

图 1—63　放样测量界面

dHR 为负表示照准部顺时针旋转可以达到期望的放样点,否则需要逆时针旋转照准部。

dHD 为正表示棱镜向仪器方向移动可达到期望的放样点,否则需要向背离仪器的方向移动。

dN 为负表示向北方向移动棱镜可以达到期望的放样点,否则需要向南方向移动。

dE 为负表示向东方向移动棱镜可以达到期望的放样点,否则需要向西方向移动。

dZ 为正表示目标(棱镜)要向下挖方,否则要向上填。

按"下点"软按键进行下一个点的放样,在当前选择的文件中查找到下一个坐标点,返回输入放样点坐标的界面并将坐标显示出来,按"确认"软按键即可直接使用该坐标进行放样。

②快速设站。

当现有控制点和放样点之间不能通视时,需要设置新点作为新的控制点,此时可以用侧视法(快速建设法)测定新的坐标点。选择此选项后进入如图 1—64 所示界面。按"测量"软按键,测出新点的坐标,存入相应的文件,以便后面的调用。在这里,"数据采集顺序"和"保存方式"及"同名检查"同样有效。

Vz:	90° 12′22″
HR:	200° 54′12″
N:	−10.756 m
E:	−4.108
Z:	−0.041
标高	模式　测量

图 1—64　快速设站界面

③后方交会法。

后方交会法步骤如下。

a.输入第 1 点的坐标,输入界面如图 1－65 所示。其输入方法参见坐标测量功能中的测站点的输入操作。按 ENT 键对输入进行确认后出现"后方交会－第 1 点"的测量界面,如图 1－66 所示。

图 1－65　后方交会法输入第 1 点界面

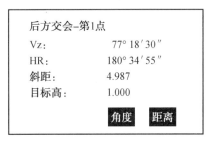

图 1－66　第 1 点测量界面

b.选择角度或坐标(距离)方式进行后方交会。如果选择坐标方式则启动测距,完成后显示"下点"的提示界面,如图 1－67 所示。

c.按"下点"软按键。

重复以上 3 步的操作,进行两次以上的坐标测量或三次以上的角度测量后,界面中出现"计算"软按键,如图 1－68 所示。

图 1－67　"下点"的提示界面

此时如果不需要继续进行后方交会,选择"计算"软按键,则出现后方交会结果,如图1－69所示。

此时可以按 F1(记录)软按键进行设站和记录。设站后由站点信息可以看出此时的站点名变为"RESSTTA",坐标为交会出来的坐标。按 F4 软按键可以在"坐标"和"坐标差"间切换,如图 1－70 所示。"坐标"表示当前所显示为计算仪器站点的 NEZ 坐标;"坐标差"表

后方交会-第3点	
Vz:	77°18′30″
HR:	180°34′55″
斜距:	4.987
目标高:	1.000
下点	计算

图 1－68　计算界面

后方交会-结果	
N:	0.002
E:	-0.003
Z:	0.000
记录	坐标

图 1－69　后方交会结果(坐标)

示后方交会存在多余观测项时，NEZ 坐标的不确定度，其中，MdHD 表示采用测距方式进行后方交会时水平距离的最大残差，该值太大说明交会点的数据不准确或者后视点的坐标输入有误。符号“NaN”表示计算错误；后方交会最多点数为 5。

后方交会-结果	
dN:	0.002
dE:	0.003
dZ:	0.005
MdHD:	0.020
记录	坐标差

图 1－70　后方交会结果(坐标差)

④间距放样。

某些场合要放出一条直线上的均匀的 N 个点，此种情况下选择间距放样将大大提高工作效率。间距放样的示意图如图 1－71 所示。进入间距放样后首先测出起点(棱镜 P0)的坐标，然后测得终点(棱镜 P1)的坐标。完成后出现间距放样输入对话框，如图1－72所示。

桩数是必须输入的，间距可以不输入，如图 1－72 所示，输入桩数 12，然后不输入间距，即可放出均匀的中间点。如果输入间距，表示从起点开始，在起－终点方向上，放样出 N 个间距为输入间距的点。放样界面如图 1－73 所示，利用上/下方向键▲▼，可以依次放出 No. 1～No. n 的各点。

⑤输入坐标。

某些情况下，少量的坐标文件需要在后面的测量工作中调用，此时也可以手工输入，保存到当前坐标文件中供随后使用。输入坐标界面如图 1－74 所示，其中左/右方向键◀ ▶表示可以利用此方向键进行各点数据的顺序浏览，“代码”后的数字表示当前录入或浏览的记

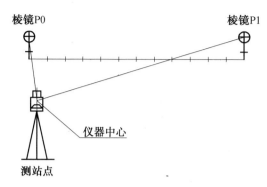

图 1-71　间距放样的示意图

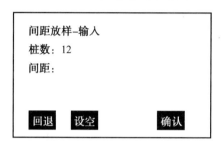

图 1-72　间距放样界面

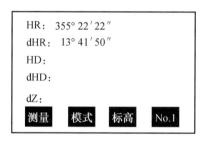

图 1-73　放样界面

录号。录入完成 1 条记录后使用 ENT 键接受,并进行下一条的录入,如果不希望继续录入,则用 ESC 键退出输入,此时系统提示询问是否保存记录,选择保存时,将录入的点保存到当前坐标文件中。

图 1-74　输入坐标界面

6. 全站仪使用时的注意事项与保养

全站仪是一种结构复杂、制造精密的仪器,在使用过程中应当遵循其操作规程,正确熟练地使用。

（1）使用时的注意事项。

①对新购置的仪器，首次使用时应结合仪器认真阅读仪器使用说明书。通过反复学习，熟练掌握仪器的基本操作、文件管理、数据通信等内容，最大限度地发挥全站仪的作用。

②在阳光下或降雨中作业时应当给仪器打伞遮阳、遮雨。长时间处于高温环境中，可能对仪器的使用产生不良影响。

③仪器应保持干燥，不要将仪器浸入水中，遇雨后应将仪器擦干，放在通风处，完全晾干后才能装箱。

④全站仪望远镜不可直接照准太阳，以免损坏发光二极管。

⑤在迁站时，应握住全站仪提手取下仪器，将其放在仪器箱中。

⑥运输过程中应尽可能减轻震动，剧烈震动可能导致仪器测量功能受损。

⑦建议在电源打开期间不要将电池取出，否则存储的数据可能丢失，应在电源关闭后再装入或取出电池。

（2）仪器的保养。

①应该保持仪器清洁，不可用手去触摸镜头，应用镜头纸对其进行清洁。

②应按说明书的要求进行电池充电。

③应定期对仪器的性能进行检查。

④仪器出现故障时应与厂家联系修理，不可随意拆卸仪器。

任务七　距离测量仪器

1. 钢尺

钢尺量距是利用经检定合格的钢尺直接量测地面两点之间水平距离的方法，又称为距离丈量。它使用的工具简单，又能满足工程建设的精度要求，是工程测量中常用的距离测量方法。钢尺量距按精度要求不同，又分为一般量距和精密量距。

钢尺又称钢卷尺，宽 1～1.5 cm，厚 0.3～0.4 mm，长度通常有 20 m、30 m、50 m、100 m 几种。尺的一端为扣环，另一端装有木手柄，绕在钢尺架上使用，如图 1－75(a)所示。还有种稍薄些的钢卷尺，称为轻便钢卷尺，其长度有 10 m、20 m、50 m 等。轻便钢卷尺通常收卷在皮盒或铁皮盒内，如图 1－75(b)所示。

(a)　　　　　　　　　(b)

图 1－75　钢尺外形

钢尺根据长度起算零点位置不同，有端点尺和刻线尺两种。端点尺的长度起算零点位置是尺端的扣环,如图1—76(a)所示。刻线尺的长度起算零点是刻在尺端附近的零分划线,如图1—76(b)所示。端点尺使用比较方便,但量距精度较刻线尺低一些。

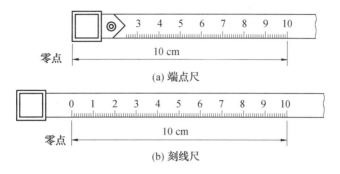

图1—76　钢尺长度起算零点

一般钢尺上的最小分划为厘米。在零端第一分米内刻有毫米分划。在每米和每分米的分划线处都注有数字。此外,在零端附近还注有尺长(如50 m)、温度(如20 ℃)及拉力(如5 kg)等数值。这些说明了在规定的温度、拉力条件下该钢尺的实际长度为多少。当条件改变时,钢尺的实际长度亦随之改变。为了在不同条件下求得钢尺的实际长度,每只钢尺在出厂时都附有尺长方程式。实际工作中,应经常对钢尺长度进行检定。皮尺(实际上是布卷尺)的外形与轻便钢卷尺差不多,整个尺子收卷在一个皮盒中,不过它是由麻或纱线与金属丝编织成的布带,布带长度有20 m、30 m、50 m等,属于端点尺。由于布带受拉力的影响较大,因此皮尺常在量距精度要求不高时才使用。

2. 钢尺量距的辅助工具

钢尺量距的辅助工具有标杆、测钎、垂球等,如图1—77所示。标杆又称花杆,直径3 cm,长2~3 m,杆身涂以20 cm间隔的红、白漆,下端装有锥形铁尖,主要用于标定直线方向。测钎亦称测针,用直径5 mm左右的粗钢丝制成,长30~40 cm,上端弯成环形,下端磨尖,一般以11根为一组,穿在铁环中,用来标定尺的端点位置和计算整尺段数。垂球用于在不平坦地面上测量时将钢尺的端点垂直投影到地面。

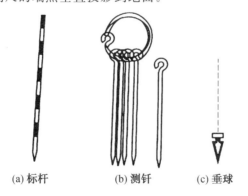

(a) 标杆　　　(b) 测钎　　　(c) 垂球

图1—77　标杆、测钎、垂球

在进行精密量距时,还需配备弹簧秤和温度计。弹簧秤用于对钢尺施加规定的拉力,温度计用于测定钢尺量距时的温度,以便对钢尺丈量的距离进行温度修正。

3.地面点的标定

距离测量首先要确定地面点的位置,即要丈量两点间的距离必须先在地面上确定两端点的位置,并用标志将其标示在地面上。地面点标志的种类很多,根据用途不同,可用不同的材料加工而成。在地形测量工作中,常用的有木桩、石桩及混凝土桩等,如图1—78所示。标志的选择,应根据点位的稳定性要求、使用年限要求及土壤性质等因素决定,并考虑节约的原则,尽量做到就地取材。临时性的标志可以用长30 cm、顶面尺寸4 cm×4 cm或6 cm×6 cm的木桩打入地下,并在桩顶钉一小钉或划一个十字以表示点的位置。桩上还要进行编号,如果标志需要长期保存,可用石桩或混凝土桩,在桩顶预设瓷或金属的点位标志来表示地面点的位置。

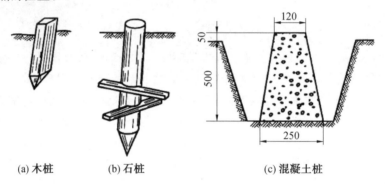

(a) 木桩　　　　　(b) 石桩　　　　　(c) 混凝土桩

图1—78　地面点标志

在测量时,为了使观测者能在远处瞄准点位,还应在点位上竖立各种形式的测量标志,即觇标。觇标的种类很多,常用的有测旗、标杆、三角锥标、测钎等,地形测量中常用的是标杆。立标杆时可以用细铁丝或线绳将标杆沿三个方向拉住,以将标杆固定在地面上。

4.钢尺量距的误差分析、注意事项

(1)误差分析。

①尺长误差。

钢尺的名义长度与实际长度不符就会产生尺长误差,用该钢尺所量距离越长,误差累积就越大。因此,对新购的钢尺必须进行检定,以求得尺长改正值。

②温度误差。

钢尺测量时的温度与检定时的温度不同,将产生温度误差,按照钢的线膨胀系数计算,测量距离为30 m时,温度每变化1 ℃,对距离的影响为0.4 mm,在一般量距时,测量温度与标准温度之差不超过±8.5 ℃可不考虑温度误差,但精密量距时必须进行温度改正。

③拉力误差。

钢尺测量时的拉力与检定时的拉力不同也会产生误差。拉力变化68.6 N,尺长将改变1/10 000。以30 m的钢尺为例,当拉力改变30～50 N时,引起的尺长误差将有1～1.8 mm。一般量距时,如果拉力的变化在30 N以下,拉力误差可忽略。精密量距时,则应使用弹簧秤,以保持钢尺的拉力是检定时的拉力。通常30 m钢尺施力100 N,50 m钢尺施力150 N。

④钢尺倾斜和垂曲误差。

量距时,钢尺两端不水平或中间下垂成曲线都会产生误差,因此测量时必须注意保持尺子水平。整尺段悬空时,中间应有人托住钢尺;精密量距时须用水准仪测定两端点高差,以便进行高差改正。

⑤定线误差。

定线不准确时,所量得的距离是一组折线,由此而产生的误差称为定线误差。测量30 m的距离,若要求定线误差不大于1/2 000,则钢尺尺端偏离方向线的距离不应超过0.47 m;若要求定线误差不大于1/10 000,则钢尺尺端偏离方向线的距离不应超过0.21 m。在一般量距中,用标杆目估定线能满足要求,但在精密量距时需用经纬仪定线。

⑥测量误差。

测量时插测钎或垂球落点不准,前、后拉尺员配合不好,以及读数不准等产生的误差均属于测量误差。这种误差对测量结果影响可正可负,大小不定,因此在操作时应认真仔细、配合默契,以尽量减小误差。

(2)注意事项。

①伸展钢尺时,要小心慢拉,钢尺不可卷扭、打结。若发现有扭曲、打结情况,应细心解开,不能用力抖动,否则容易造成钢尺折断。

②测量前,应辨认清钢尺的零端和末端。测量时,应逐渐用力拉平、拉直、拉紧钢尺,不能突然猛拉。测量过程中,钢尺的拉力应始终保持检定时的拉力。

③转移尺段时,前、后拉尺员应将钢尺提高,不应在地面上拖拉摩擦钢尺,以免磨损尺面分划。钢尺伸展开后,不能让车辆从钢尺上通过,否则极易损坏钢尺。

④测钎应对准钢尺的分划并插直。如插入土中有困难,可在地面上画一个明显的记号,并把测钎尖端对准记号。

⑤单程测量完毕后,前、后拉尺员应检查各自手中的测钎数目,避免算错整尺段数。测回测量完毕,应立即检查限差是否合乎要求。不合乎要求时,应重测。

⑥钢尺易生锈,测量结束后应用软布擦拭干净尺面的泥和水,然后涂上机油,以防生锈。

5.磁方位角的测定

在独立测区的测量工作中,一般用罗盘仪测定磁方位角来确定直线的方向。这种方法虽精度不高,但仪器结构简单,使用方便。

(1)罗盘仪的构造。

罗盘仪是主要用来测量直线的磁方位角的仪器,也可以粗略地测量水平角和竖直角。罗盘仪主要由刻度盘、望远镜和磁针三部分组成,如图1—79所示。磁针被支撑在刻度盘中心的顶针上,可以自由转动,当它静止时,一端指北,一端指南。刻度盘的刻划一般以1°或30′为单位,每隔10°有一数字注记。刻度盘按逆时针方向从0°注记到360°。望远镜通过支架装在刻度盘上,望远镜的照准轴与刻度盘0°～180°方向线一致,物镜端为0°,目镜端为180°。望远镜可做上下俯仰转动,在水平方向则连同刻度盘一起转动。

(2)直线磁方位角的测定。

①将仪器搬到测线的一端,并在测线另一端插上标杆,如图1—80所示。

②安置仪器。先对中,将仪器装于三脚架上,并挂上垂球。移动三脚架,使垂球尖对准测站点,此时仪器中心与地面点处于同一条铅垂线上。然后整平,松开仪器球形支柱上的螺

图 1—79　罗盘仪

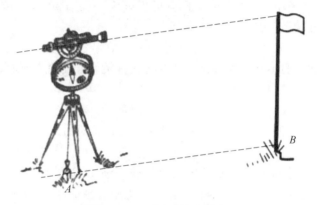

图 1—80　磁方位角测定

旋,上、下俯仰转动调整刻度盘位置,使刻度盘上的两个水准气泡同时居中,旋紧螺旋,固定刻度盘,此时罗盘仪处于水平位置。

　　③瞄准读数。转动目镜调焦螺旋,使十字丝清晰;转动罗盘仪,使望远镜对准测线另一端的目标,调节调焦螺旋,使目标成像清晰稳定,再转动望远镜,使十字丝对准立于测点上的标杆的最底部;松开磁针制动螺旋,等磁针静止后,从正上方向下读取磁针指北端所指的读数,即为测线的磁方位角。读数完毕后,拧紧磁针制动螺旋,将磁针顶起以防止磁针磨损。

　　(3)罗盘仪使用注意事项。

　　①在磁铁矿区或离高压线、无线电天线、电视转播台等较近的地方,有电磁干扰现象,不宜使用罗盘仪。

　　②观测时,一切铁质物体如斧头、钢尺、测钎等不要接近仪器。

　　③读数时,眼睛的视线方向与磁针应在同一竖直面内,以减小读数误差。

　　④观测完毕后搬动仪器前应拧紧磁针制动螺旋,固定好磁针以防损坏磁针。

任务八　RTK 使用快速入门

1.建立项目

(1)打开 Hi—Survey 软件,软件主界面如图 1—81 所示。

图 1—81　软件主界面

（2）新建项目，点击"项目"→"项目信息"，在下方输入项目名，点击"确定"。

思　考　题

1. 简述水准仪的主要部件及各部件的作用。

2. 水准测量时，要在哪些立尺点上放置尺垫？哪些立尺点上不能放置尺垫？

3. 什么是视差？产生视差的原因是什么？怎样消除视差？

4. 圆水准器和水准管在水准测量中各起什么作用？

5. 水准测量时，前、后视距离相等可消除哪些误差？

6. 水准仪有哪些轴线？它们之间应满足什么条件？

7. 使用水准仪应注意哪些事项？

8. 检校 i 角的目的是什么？如何检校 i 角？

9. 简述数字水准仪的特点及基本组成。

10. 距离测量的方法主要有哪些？

11. DJ6 型光学经纬仪由哪几部分组成？各部分有什么功能？

12. 在用经纬仪观测之前为什么要进行对中、整平？如何对中、整平？

13. 竖直角观测时，在读取竖盘读数前一定要使竖盘指标水准管的气泡居中，为什么？

14. 什么是竖盘指标差？如何消除竖盘指标差？

15. 角度观测有哪些误差？如何消除或减弱这些误差的影响？

16. 试述使用全站仪测量水平角的操作步骤。

17. 简述全站仪的基本功能。

18. 什么是直线定线？钢尺一般量距和精密量距各用什么方法定线？

19. 衡量距离测量精度用什么指标？如何计算？

20. 钢尺精密量距的三项改正数是什么？如何计算？

模块二 施工测量要求与方法

任务一 高程测量

高程基准是全国高程测量的起算依据,是建立高程系统和测量高程的基本依据。目前我国采用的高程基准为 1985 年国家高程基准。

高程基准面就是地面点高程的统一起算面,由于被大地水准面所包围形成的大地体与整个地球最为接近,通常采用大地水准面作为高程基准面。为了长期、稳固地表示高程基准面的位置,作为传递高程的起算点,必须建立一个长期、稳固的水准点,作为全国水准测量的起算高程,这个固定点称为水准原点。1985 国家高程基准的水准原点高程为 72.260 m。

1. 水准测量的原理

水准测量是利用水准仪提供的水平视线,观测竖立在两点上的水准尺以测定两点间的高差,然后根据已知点的高程和测量的高差推算出未知点的高程。

如图 2-1 所示,在需要测定高差的 A、B 两点上分别竖立水准尺,在 A、B 两点的中点安置水准仪,水平视线在 A、B 两尺上的读数分别为 a、b,则 A、B 两点的高差为

$$h_{AB} = a - b \tag{2-1}$$

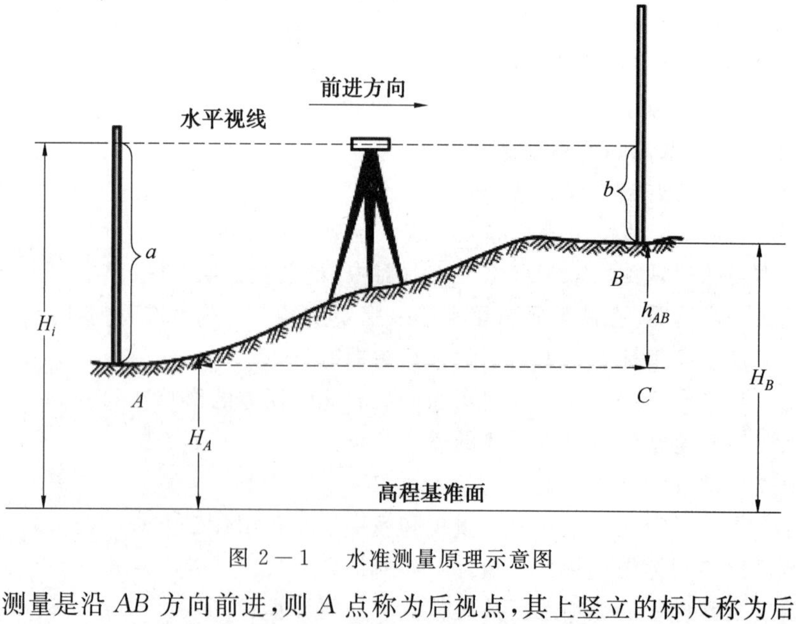

图 2-1 水准测量原理示意图

若水准测量是沿 AB 方向前进,则 A 点称为后视点,其上竖立的标尺称为后视标尺,读数 a 称为后视读数;B 点称为前视点,其上竖立的标尺称为前视标尺,读数 b 称为前视读数。因此,式(2-1)若用文字表达,则为两点间的高差等于后视读数减去前视读数。高差有正

（＋）有负（－），当 B 点比 A 点高时，前视读数 b 比后视读数 a 要小，高差为正；当 B 点比 A 点低时，前视读数 b 比后视读数 a 要大，高差为负。因此，水准测量的高差 h_{AB} 必须冠以"＋"号或"－"号。

如果 A 点的高程 H_A 为已知，则 B 点的高程为

$$H_B = H_A + h_{AB} = H_A + (a - b) \tag{2-2}$$

A 点高程 H_A 加上后视读数 a 称为视线高程（简称视线高），用 H_i 表示。用 H_i 减去前视读数 b，可求得 B 点的高程，即

$$H_i = H_A + a \tag{2-3}$$

$$H_B = H_i - b \tag{2-4}$$

采用式（2－2）求高程的方法，称为高差法；采用式（2－4）求高程的方法，称为视线高法，安置一次仪器可以测得多个前视点高程时，利用视线高法测量比较方便。

2. 水准测量的方法

在实际工作中，当 A、B 两点相距较远，或者高差较大，仅安置一次仪器不可能测得这两点的高差时，必须在两点间分段连续安置仪器和竖立标尺，连续测定相邻两标尺点间的高差，最后取其代数和，求得 A、B 两点的高差，这种测量方法称为连续水准测量。在测量过程中，高程已知的水准点称为已知点，高程未知的点称为待定点。每安置一次仪器称为一个测站。除水准点外，其他用于传递高程的立尺点称为转点，简称 ZD，转点是一系列临时过渡点，转点既有前视读数又有后视读数，转点的选择将影响到水准测量的观测精度，因此转点要选在坚实、凸起、明显的位置，在一般土地上应放置尺垫。每站测量时水准仪应置于两水准尺中间，使前、后视的距离尽可能相等。纳入水准路线的相邻两个水准点之间的线路称为测段，一条水准路线由若干个测段组成。

如图 2－2 所示，要测定 A、B 的高差 h_{AB}，在 A、B 之间增设 n 个测站，测得每站的高差。

$$h_i = a_i - b_i, \quad i = 1, 2, 3, \cdots, n$$

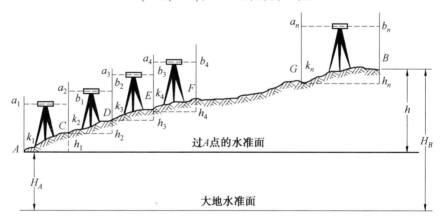

图 2－2　连续水准测量示意图

A、B 两点之间的高差为

$$h_{AB} = h_1 + h_2 + \cdots + h_n = \sum_{i=1}^{n} h_i = \sum_{i=1}^{n} (a_i - b_i) \tag{2-5}$$

3.水准路线的布设

用水准测量方法测定的达到一定精度的高程控制点,称为水准点(bench mark,BM)。为了统一全国的高程系统和满足各种测量的需要,测绘部门在全国各地埋设并测定了很多水准点。

水准路线布设的基本形式包括附合水准路线、闭合水准路线和支水准路线,如图2-3所示,由这些基本形式组合成水准网。

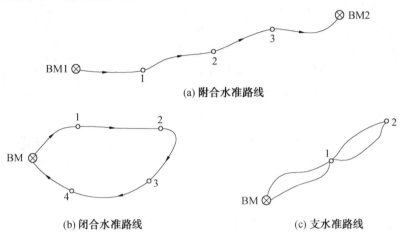

(a) 附合水准路线

(b) 闭合水准路线　　　　　　　(c) 支水准路线

图2-3　水准路线布设的基本形式

(1)附合水准路线。从一个已知高级水准点开始,沿一条路线施测,获取待定水准点的高程,最后附合到另一个已知的高级水准点上,这样的观测路线称为附合水准路线。

(2)闭合水准路线。从一个已知高级水准点出发,沿一条路线施测,以测定待定水准点的高程,最后仍回到原来的已知点上,从而形成一个闭合环线,这样的观测路线称为闭合水准路线。

(3)支水准路线。从一个已知高级水准点出发,沿一条路线施测,以测定待定水准点的高程,其路线既不闭合又不附合,这样的观测路线形式称为支水准路线。

④ 水准网。若干条单一水准路线相互连接构成结点或网状形式,称为水准网。只有一个高级点的水准网称为独立水准网,有两个以上高级点的水准网称为附合水准网,如图2-4所示。

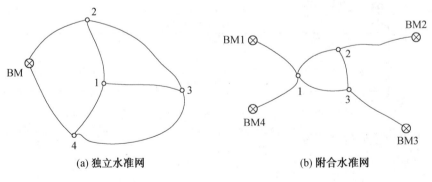

(a) 独立水准网　　　　　　　　(b) 附合水准网

图2-4　水准网布设形式

任务二　普通水准测量

水准测量根据精度不同分为一、二、三、四等水准测量和等外水准测量等。

一等水准测量精度最高,是建立国家高程控制网的骨干,同时也是研究地壳垂直位移及有关科学研究的主要依据。

二等水准测量精度低于一等水准测量,是建立国家高程控制的基础。

三、四等水准测量,其精度依次降低,直接为地形测图和各种工程建设服务。

等外水准测量通常被称为普通水准测量或图根水准测量,精度低于四等水准量,主要用于测定图根点的高程及一般性工程水准测量,是实际工作中最常见的测量高程工作。

普通水准测量包括拟定水准测量线路、选点和埋石、观测和记录、计算等工作,其主要技术要求见表 2－1。

表 2－1　普通水准测量的主要技术要求

等级	路线长度	水准仪	水准尺	视线长度	观测次数		高差闭合差	
					与已知点联测	附合或闭合	平地	山地
等外	≤5 km	DS3	单面	100 m	往返各一次	往一次	$\pm 40\sqrt{L}$ mm	$\pm 12\sqrt{n}$ mm

注:L 为水准路线长度(km);n 为测站数。

1. 拟定水准路线

进行水准测量前必须先做技术设计,其目的在于从全局考虑,统筹安排,使整个水准测量任务有计划地顺利完成,此项工作的完成好坏将直接影响水准测量的速度、质量及与其相关的工程建设。因此,要求测量工作者在开展工作之前必须做好水准路线的拟定工作。

水准路线的拟定工作包括水准路线的选择和水准点位置的确定。选择水准路线的基本要求是必须满足具体任务的需要,如施测国家三、四等水准测量,必须以高一等级的水准点为起始点,在高等级水准点基础上均匀地分布水准点的位置。不同等级的水准测量和不同性质的工程建设,其精度要求是不同的,因此拟定水准路线时应按规范要求进行。

拟定水准路线首先要收集现有的较小比例尺地形图,收集测区已有的水准测量资料,包括水准点的高程、精度、高程系统、施测年份及施测单位。设计人员还应亲自到现场勘察,核对地形图的正确性,了解水准点的现状,如是保存完好还是已被破坏。在此基础上根据任务要求确定如何合理使用已有资料,然后进行图上设计。一般说来,精度要求高的水准路线应该沿公路布设,精度要求较低的水准路线也应尽可能沿各类道路布设,这样做的目的是使测量工作尽可能地在坚实的地面上进行,从而使仪器和标尺都能保持稳定。为了不多设测站,并保证足够的精度,还应使路线的坡度尽量小。拟定水准路线的同时应考虑水准点的位置。对于较大测区,如果水准路线布成网状,则应考虑数据处理的初步方案,以便内业工作顺利进行。图上设计结束后,绘制一份水准路线布设图。图上按一定比例绘出水准路线、水准点的位置,注明水准路线的等级、水准点的编号。

2. 选点和埋石

水准路线拟定后,便可根据设计图到实地踏勘、选点和埋石。踏勘,就是到实地查看图上设计是否与实地相符;选点,就是选择水准点的具体位置;埋石,就是进行水准点的标定工作。水准点的选点要求是交通便利、土质坚硬、坡度较小且均匀等。

国家级水准点一般用石料或钢筋混凝土制成,深埋到地面冻结线以下,在标石的顶面设有用不锈钢或其他不易锈蚀材料制成的半球状标志,如图2—5所示。有些水准点也可设置在稳定的墙脚上,称为墙上水准点,如图2—6所示。

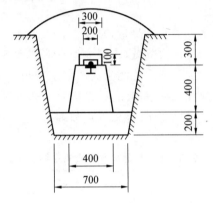

图2—5　国家级水准点

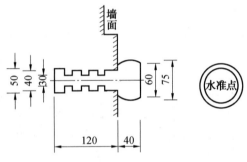

图2—6　墙上水准点

水准点按性质可分为临时性水准点和永久性水准点两大类。临时性水准点可选用固定的坚硬标志,或将大木柱打入地下作为标志,如图2—7所示。永久性水准点通常是标石,其又分为标准类型标石和普通标石两种。普通标石(工地永久性水准点)规格和埋设如图2—8所示。标石埋设最好是现场浇灌。

图2—7　临时性水准点

埋设水准点后,应绘出水准点与附近固定建筑物或其他地物的关系图,在图上还要写明水准点的编号和高程,称为点之记,以便于日后寻找水准点的位置。在水准点编号的前面通常加 BM 字样,作为水准点的代号。

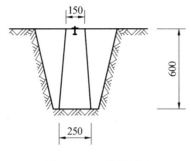

图 2-8　普通标石

3. 观测和记录

普通水准测量的外业观测程序如下。

（1）将水准尺立于已知高程的水准点上作为后视标尺，水准仪置于施测路线附近合适的位置，在施测路线的前进方向上取与后视距离大致相等的距离放置尺垫，当尺垫踩实后，将水准尺立在尺垫上作为前视标尺。

（2）观测员将仪器用圆水准器粗平之后瞄准后视标尺，用微倾螺旋将符合水准气泡精确居中，用横丝读后视读数，读至毫米，记录。

（3）掉转望远镜瞄准前视标尺，此时水准管气泡一般会有少许偏离，将气泡居中，用横丝读前视读数。

（4）记录员根据观测员的读数在手簿中记下相应数字，并立即计算高差。

以上为第一个测站（第一站）的全部工作。第一站工作结束之后，记录员告诉后标尺员向前转移并将仪器迁至第二站。此时，第一站的前视点便成为第二站的后视点。按照相同的工作程序进行第二站的工作。依次沿水准路线方向施测，直至全部路线观测完为止。

【例 2-1】　如图 2-9 所示，置水准仪于已知后视高程点 A 适当距离处，并选择好前视转点 ZD_1，将水准尺置于 A 点和 ZD_1 点上。将水准仪粗平后，先瞄准后视标尺，消除视差。精平后读取后视读数为 1.851 m，并记入等外水准测量记录表（普通水准测量记录手簿）中，见表 2-2。转动望远镜照准前视标尺，精平后，读取前视读数为 1.268 m，并记录在表中，至此便完成了普通水准测量第一站的观测任务。将仪器搬迁到第二站，把第一站的后视标尺移到第二站的转点 ZD_2 上，把第一站的前视点变成第二站的后视点。按第一站的观测程序进行观测与计算，以此类推，测至终点 B。

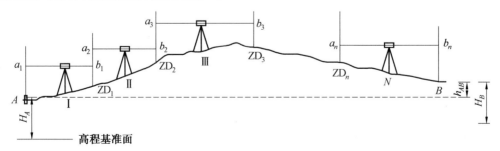

图 2-9　等外水准测量

表 2－2 普通水准测量记录手簿

测点	水准尺读数 /m		高差 /m		高程 /m	备注
	后视读数 a	前视读数 b	＋	－		
A	1.851				50.000	$H_A = 50.000$
			0.583			
ZD_1	1.425	1.268			50.583	
			0.753			
ZD_2	0.863	0.672			51.336	
				0.718		
ZD_3	1.219	1.581			50.618	
			0.873			
B		0.346			51.491	
$\sum$	5.358	3.867	2.209	0.718		
计算	$h_{AB} = \sum a - \sum b = +1.491$		$\sum h = +1.491$		$H_B = H_A + h_{AB} = 51.491$	

（5）计算校核。计算校核是对记录表中每一页高差和高程计算进行的检核。

$$\sum h = \sum a - \sum b = H_B - H_A \qquad (2-6)$$

若式（2－6）成立，则说明高差和高程计算正确；否则说明计算有误。

4．计算

水准测量外业结束后即可进行内业计算。计算前，必须对外业手簿进行检查，确认没有错误方可进行成果计算。

水准测量时，一般将已知水准点和待测水准点组成一条水准路线。在水准测量的实施过程中，测站校核只能校核一测站上是否存在错误，计算校核只能发现每页计算是否有误。对于一条水准路线而言，测站校核和计算校核都不能发现立尺点变动的错误，更不能说明整个水准路线测量的精度是否符合要求。同时，由于受温度、风力、大气折光和水准尺下沉等外界条件的影响，以及水准仪和观测者本身因素的影响，测量不可避免地存在误差。这些误差很小，在一个测站上反映不明显，但是随着测站数的增多，误差积累，有时也会超过规定的限差。因此，还必须对整个水准路线的测量成果进行校核计算。

（1）高差闭合差的计算。

① 附合水准路线。

理论上，附合水准路线各段测得的高差代数和应等于始、终两个已知水准点的高程之差，即

$$\sum h_{理} = H_{终} - H_{始} \qquad (2-7)$$

但是，由于测量误差的存在，实测高差总和与其理论值之间有一个差值，这个差值称为附合水准路线的高差闭合差，即

$$f_h = \sum h_{测} - (H_{终} - H_{始}) \qquad (2-8)$$

② 闭合水准路线。

由于起点、终点均为同一水准点，因此高差总和的理论值应等于零，即

$$\sum h_{理} = 0 \qquad\qquad (2-9)$$

但是,由于测量误差的存在,实测高差的总和不一定等于零,其与理论值的差称为闭合水准路线的高差闭合差。

$$f_h = \sum h_{测} - \sum h_{理} = \sum h_i \qquad\qquad (2-10)$$

③ 支水准路线。

通过往、返观测,往测高差与返测高差值的代数和理论上应为零。以此作为支水准路线测量正确与否的检验条件,即

$$\sum h_{往} = -\sum h_{返} \qquad\qquad (2-11)$$

如往测高差与返测高差值的代数和不等于零,则高差闭合差为

$$f_h = \sum h_{往} + \sum h_{返} \qquad\qquad (2-12)$$

有时也可以用两组并测来代替一组往返测以加快工作速度。两组所得高差应相等,若不等,其差值即为支水准路线的高程闭合差,即

$$f_h = \sum h_1 + \sum h_2 \qquad\qquad (2-13)$$

(2)等外水准测量的高差闭合差容许值计算。

各种形式的水准测量,其高差闭合差均不应超过规定容许值,否则即认为水准测量结果不符合要求。高差闭合差容许值的大小与测量等级有关。GB 50026—2007《工程测量规范》中对不同等级的水准测量做出了高差闭合差容许值的规定。等外水准测量的高差闭合差容许值规定为

$$山地:f_{h容} = \pm 12\sqrt{n} \qquad mm \qquad\qquad (2-14)$$

$$平原:f_{h容} = \pm 40\sqrt{L} \qquad mm \qquad\qquad (2-15)$$

式中,L 为水准路线长度,以千米计;n 为测站数。

高差闭合差是衡量观测质量的精度指标,其产生的原因很多,但其数值必须在容许值范围内。

(3)高差闭合差的调整。

当高差闭合差在允许值范围之内时,可进行高差闭合差的调整。附合或闭合水准路线高差闭合差分配的原则是将高差闭合差按距离或测站数成正比例反号改正到各测段的观测高差上。高差改正数计算式为

$$v_i = -\frac{f_h}{\sum L} L_i \qquad\qquad (2-16)$$

$$v_i = -\frac{f_h}{\sum n} n_i \qquad\qquad (2-17)$$

(4)计算改正后的高差。

对于附合或闭合水准路线,将各段高差观测值加上相应的高差改正数,可求出各段改正后的高差,即

$$h_{i改} = h_{i测} + v_i \qquad\qquad (2-18)$$

对于支水准路线,当高差闭合差符合要求时,可按下式计算各段平均高差:

$$h_\text{平} = \frac{\sum h_\text{往} - \sum h_\text{返}}{2} \qquad (2-19)$$

（5）计算各点高程。

根据改正后的高差，由起点高程逐一推算出其他各点的高程。最后一个已知点的推算高程应等于它的已知高程，以此检查计算是否正确。

5. 水准测量的测站检核

为了确保每站观测高差的准确性，提高水准测量的精度，水准测量必须进行测站检核。所谓的测站检核，就是对每一站进行的检核。常用的测站检核方法主要有以下两种。

（1）变动仪器高法。

同一个测站上用不同的仪器高度测得两次高差，并对两次的测量值进行检核。要求：改变仪器高度应大于 10 cm，两次所测高差之差不超过容许值（如等外水准测量容许值为 ±6 mm），取其平均值作为该测站最后结果，否则必须重测。

（2）双面尺法。

分别对双面水准尺的黑面和红面进行观测，利用前、后视的黑面和红面读数，分别算出两个高差。如果两次所测高差之差不超过容许值，取其平均值作为该测站最后结果，否则必须重测。

6. 普通水准测量、记录、资料整理的注意事项

（1）在水准点上立尺时，不得放尺垫。

（2）水准尺应立直，不能左右倾斜，更不能前后俯仰。

（3）在观测员未迁站之前，后视点尺垫不能移动。

（4）前后视距离应大致相等，立尺时可用步丈量。

（5）外业观测记录必须在编号、装订成册的手簿上进行。已编号的各页不得任意撕去，记录中间不得留下空页或空格。

（6）必须在现场用铅笔、签字笔直接将外业原始观测值和记事项目记录在手簿中，记录的文字和数字应端正、整洁、清晰，杜绝潦草模糊。

（7）外业手簿中原始数据需修改及观测结果作废时，禁止擦拭、涂抹与刮补，而应以横线或斜线划去，并在本格内的上方写出正确数字和文字。除计算数据外，所有观测数据的修改和作废必须在备注栏内注明原因及重测结果记于何处。重测记录前需加"重测"二字。在同一测站内不得有两个相关数字"连环更改"。例如，更改了标尺的黑面前两位读数后就不能再改同一标尺的红面前两位读数，否则就是连环更改。有连环更改记录应立即废去重测。对于尾数读数（厘米和毫米读数）有错误的记录，不论什么原因都不允许更改，而应将该测站的观测结果废去重测。

（8）有正、负意义的量在记录计算时都应带上"＋""－"号，正号不能省略。横丝读数要求读记四位数，前后的零都要读记。

（9）作业人员应在手簿的相应栏内签名，并填注作业日期、开始和结束时刻、天气和观测情况及使用仪器型号等。

（10）作业手簿必须经过小组认真的检查（即记录员和观测员各检查一遍），确认合格后方可提交上一级检查验收。

7. 附合水准路线的内业计算

某附合水准路线,A、B 为已知水准点,A 点高程为 65.376 m,B 点高程为 68.623 m,点 1、2、3 为待测水准点,各测段高差、测站数、距离如图 2—10 所示。

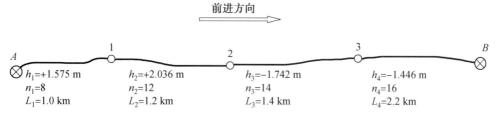

图 2—10　附合水准路线的内业计算

(1)计算高差闭合差。

$$f_h = \sum h_{测} - (H_B - H_A) = 3.315 - (68.623 - 65.376) = +0.068 \ (\text{m})$$

(2)判断高差闭合差是否超限。

因是平地,高差闭合差容许值为

$$f_{h容} = \pm 40\sqrt{L} = \pm 40\sqrt{5.8} = \pm 96 \ (\text{mm})$$

因为 $|f_h| < |f_{h容}|$,其精度符合要求。

(3)计算各测段高差闭合差的分配。

$$v_1 = -\frac{f_h}{\sum L} L_1 = -\frac{0.068}{5.8} \times 1.0 = -0.012 \ (\text{m})$$

$$v_2 = -\frac{f_h}{\sum L} L_2 = -\frac{0.068}{5.8} \times 1.2 = -0.014 \ (\text{m})$$

$$v_3 = -\frac{f_h}{\sum L} L_3 = -\frac{0.068}{5.8} \times 1.4 = -0.016 \ (\text{m})$$

$$v_4 = -\frac{f_h}{\sum L} L_4 = -\frac{0.068}{5.8} \times 2.2 = -0.026 \ (\text{m})$$

(4)计算各测段改正后的高差。

$$h_{1改} = h_{1测} + V_1 = +1.575 - 0.012 = +1.563 \ (\text{m})$$
$$h_{2改} = h_{2测} + V_2 = +2.036 - 0.014 = +2.022 \ (\text{m})$$
$$h_{3改} = h_{3测} + V_3 = -1.742 - 0.016 = -1.758 \ (\text{m})$$
$$h_{4改} = h_{4测} + V_4 = +1.446 - 0.026 = +1.420 \ (\text{m})$$

(5)计算各点的高程。

$$H_1 = H_A + h_{1改} = 65.376 + 1.563 = 66.939 \ (\text{m})$$
$$H_2 = H_1 + h_{2改} = 66.939 + 2.022 = 68.961 \ (\text{m})$$
$$H_3 = H_2 + h_{3改} = 68.961 - 1.758 = 67.203 \ (\text{m})$$
$$H_4 = H_3 + h_{4改} = 67.203 + 1.420 = 68.623 \ (\text{m})$$

附合水准测量成果计算见表 2—3。

表 2－3   附合水准测量成果计算

测段	测点	距离 /km	实测高差 /m	改正数 /m	改正后的高差 /m	高程 /m
1	BMA	1.0	＋1.575	－0.012	＋1.563	65.376
2	BM1	1.2	＋2.036	－0.014	＋2.022	66.939
3	BM2	1.4	－1.742	－0.016	－1.758	68.961
4	BM3	2.2	＋1.446	－0.026	＋1.420	67.203
Σ	BMB	5.8	＋3.315	－0.068	＋3.247	68.623
辅助计算	$f_h = +0.068, f_{h容} = \pm 96 \text{ mm}, \sum L = 5.8 \text{ km}, -f_h/\sum L = -12 \text{ mm/km}$						

【例 2－2】   某附合水准路线观测结果如图 2－11 所示,起始点 A 的高程 $H_A = 68.441$ m,终点 B 的高程 $H_B = 72.381$ m,试计算出待定点 1、2、3 的高程。

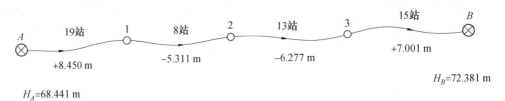

图 2－11   某附合水准路线观测结果

任务三   角度测量

1. 角度测量原理

(1) 水平角测量原理。

水平角是指空间两条相交直线在某一水平面上垂直投影之间的夹角。如图 2－12 所示,地面上有高低不同的 A、B、C 三点。直线 BA、BC 在水平面 P 上的投影为 B_1A_1 与 B_1C_1,其夹角 $\angle A_1B_1C_1$ 即为 BA、BC 两相交直线的水平角,用 β 表示。水平角的范围为 $0° \sim 360°$。

为了测量 BA、BC 两相交直线水平角 β 的大小,可以在 B 点的上方某一高度水平放置一个有分划的圆盘,使其中心恰好位于过点 B 的铅垂线 BB_1 上。在圆盘的中心上方,设置一个既可以水平转动又可以铅垂俯仰的望远镜照准装置。用望远镜分别照准 A、C 点,即可得到圆盘上指标线处的读数 n、m。假设圆盘的刻划按顺时针注记,则很容易得出水平角 β 等于 C 点目标读数 m 减去 A 点目标(也称为起始目标)读数 n。即

$$\beta = m - n \qquad\qquad (2-20)$$

(2) 竖直角测量原理。

竖直角是指在同一竖直面内,水平视线与空间直线间的夹角,亦称高度角或垂直角,一般用 α 表示。如图 2－13 所示,O 点至地面目标 A 的竖直角 α_A 为空间直线 OA 与水平视线 OO' 的夹角。当空间直线位于水平视线之上时,竖直角称为仰角,α 为正值;当空间直线位于

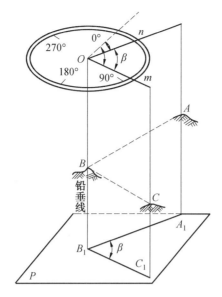

图 2—12　水平角示意图

水平视线之下时,竖直角称为俯角,α 为负值。所以,竖直角的范围为 $-90°\sim+90°$。

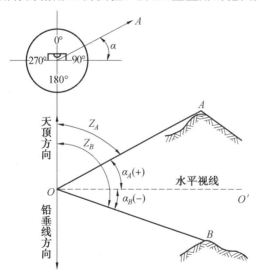

图 2—13　竖直角

在重力的作用下,地面上每一点均有一条指向地心的铅垂线(其方向即自由落体方向),铅垂线的反方向(指向天顶)称为该点的天顶方向。在竖直平面内天顶方向与空间直线之间的夹角称为天顶距,一般用 Z 表示,其范围为 $0°—180°$。则有直线 OA 的天顶距 Z 与竖直角 α 的关系为

$$\alpha=90°-Z \tag{2—21}$$

如图 2—13 所示,在望远镜照准装置的横轴一端安置一个均匀刻划的度盘,圆心与横轴重合,盘面铅垂,$0°—180°$ 的直径方向与铅垂线同向,该度盘被称为竖直度盘;再于竖直度盘上设置一个与望远镜方向同步的读数指标线。这样,当望远镜照准目标 A 时,依指标线在竖直度盘上读取读数,该读数与水平位置的读数之差即为 O 点对于 A 点的竖直角 α。

2. 水平角观测

(1) 测回法。

以盘左、盘右(即正、倒镜)分别观测两个方向之间水平角的方法,称为测回法。用盘左观测水平角称为上半测回,用盘右观测水平角称为下半测回,上半测回和下半测回合称一测回。这种测角方法只适用于观测两个方向之间的单个角度。如图 2-14 所示,欲测出地面上 OA、OB 两方向间的水平角 β,可先将经纬仪安置在角的顶点 O 上,进行对中、整平,并在 A、B 两点树立标杆或测钎作为照准标志,采用测回法观测一个测回的操作程序如下。

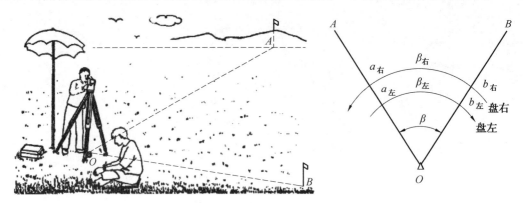

图 2-14 测回法观测水平角

① 盘左位置。

先盘左精确照准左方目标,即后视点 A,读数为 $a_左$,将水平度盘置在 $0°00'$ 或稍大的读数处(目的是便于计算)并记入记录表中,见表 2-4。然后,顺时针转动照准部照准右方目标,即前视点 B,读取水平度盘读数为 $b_左$,并记入记录表中。以上称为上半测回,其观测水平角值为

$$\beta_左 = b_左 - a_左 \qquad (2-22)$$

② 盘右位置。

倒转望远镜使盘左变为盘右,先精确照准右方目标,即前视点 B,读取水平度盘读数为 $b_右$,并记入记录表中,再逆时针转动照准部照准左方目标,即后视点 A,读取水平度盘读数为 $a_右$,并记入记录表中,则得下半测回观测水平角值为

$$\beta_右 = b_右 - a_右 \qquad (2-23)$$

③ 一测回值。

测回法通常有两个限差:一是两个半测回的角值之差,即上半测回角值和下半测回角值之差,称为半测回角值差;二是各测回角值差,又称为测回差。不同的仪器有不同的规定限值,对于 DJ6 型光学经纬仪,半测回角值差 $\leqslant 36''$,各测回角值差 $\leqslant 24''$。符合规定要求时,取其平均值作为一测回的观测结果。即一测回的水平角值为

$$\beta = \frac{1}{2}(\beta_左 + \beta_右) \qquad (2-24)$$

用测回法观测水平角时,一般在盘左位置时使起始方向(即左目标)的水平度盘读数配置为略大于 0° 的度数。DJ6 型光学经纬仪的配数方法为:在盘左位置瞄准左目标后,水平制动,拨动水平度盘拨盘手轮使水平度盘读数略大于零即可,见表 2-4 中的 $0°02'24''$。测回法

观测水平角的记录、计算格式见表 2-4。

表 2-4 测回法水平角观测记录手簿

测站	测回	竖盘位置	目标	水平度盘读数	半测回角值	一测回角值	各测回平均角值
O	1	左	A	0°02′24″	81°12′12″	81°12′06″	81°12′08″
		左	B	81°14′36″			
		右	B	261°14′36″	81°12′00″		
		右	A	180°02′36″			
O	2	左	A	90°03′06″	81°12′06″	81°12′09″	
		左	B	171°15′12″			
		右	B	351°15′12″	81°12′12″		
		右	A	270°03′00″			

为了提高测角精度,同时削弱度盘分划误差的影响,角度观测往往需要进行几个测回,各测回的观测方法相同,但起始方向置数不同。设需要观测的测回数为 n,则各测回起始方向的度盘置数应按 $\dfrac{180°}{n}$ 递增,即

$$m_i = \frac{180°}{n}(i-1) \tag{2-25}$$

式中,n 为测回数;i 为测回序号;m_i 为第 i 测回的度盘置数。

例如当需要观测三个测回时,即每个测回起始方向读数应配置在 0°00′、60°00′、120°00′ 或稍大的读数。但应注意,不论观测多少个测回,第一测回的置数均应当为 0°。当各测回角值差不超过规定限差时,取各测回平均值作为最后结果。

(2)方向观测法。

当在一个测站上观测方向有三个或三个以上时,可将这些方向合为一组,观测各个方向的方向值(水平度盘读数值),然后计算出相应角值,这种观测方法称为方向观测法。当方向数超过三个时,自起始方向起,观测完所有方向后,应再次观测起始方向,这种观测方法称为全圆方向观测法。方向观测法记录手簿见表 2-5,限差要求见表 2-6。

① 观测程序。

如图 2-15 所示,欲观测 O 点到 A、B、C、D 各方向之间的水平角,可将经纬仪安置在 O 点上,进行对中、整平,并在 A、B、C、D 四点树立标杆或测钎作为照准标志。采用方向观测法观测一个测回的步骤如下。

选定一个距离适中、目标清晰的方向 A 作为起始方向(又称为零方向),以盘左位置照准目标 A,将水平度盘置在 0°00′ 或稍大的读数处,将读数记入表 2-5 的第 4 列。顺时针方向旋转照准部,依次照准目标 B、C、D,将各方向的水平度盘读数依次记入表 2-5 的第 4 列。由于总方向数超过三个,最后还要顺时针回到起始方向 A,读取水平度盘读数并记入表 2-5 的第 4 列,这一步称为归零,其目的是检查水平度盘的位置在观测过程中是否发生变动。上述全部工作称为盘左半测回或上半测回。

倒转望远镜,用盘右位置照准目标 A,读数,记入表 2-5 的第 5 列,然后按逆时针方向依

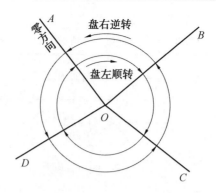

图 2—15　全圆方向观测法

次照准目标 D、C、B、A,读数,依次记入表 2—5 的第 5 列,此为盘右半测回或下半测回,在下半测回观测中又两次照准目标 A,称为下半测回归零。

上、下半测回合称一测回。同样,为了提高测角精度,可变换水平度盘位置观测几个测回,各测回变换起始方向度盘读数方法同测回法一样,即各测回起始方向仍应按 $\dfrac{180°}{n}$(n 为测回数)的差值置数。

表 2—5　方向观测法记录手簿

测站	测回	目标	水平度盘读数		$2c=$ 盘左读数 $-$(盘右读数 $\pm 180°$)″	平均读数[盘左读数 $+$ 盘右读数 $\pm 180°$]/2	一测回归零方向值	各测回归零方向值
			盘左	盘右				
1	2	3	4	5	6	7	8	9
O	1	A	0°02′22″	180°02′10″	$+12$	(0°02′19″) 0°02′16″	0°00′00″	0°00′00″
		B	37°44′34″	217°44′16″	$+18$	37°44′25″	37°42′06″	37°42′11″
		C	110°29′16″	290°29′10″	$+06$	110°29′13″	110°26′54″	110°26′56″
		D	150°14′52″	330°14′46″	$+06$	150°14′49″	150°12′30″	150°12′26″
		A	0°02′28″	180°02′16″	$+12$	0°02′22″		
		归零差	$\Delta_左=06″$	$\Delta_右=06″$				
O	2	A	90°03′30″	270°03′34″	-04	(90°03′33″) 90°03′32″	0°00′00″	
		B	127°45′52″	307°45′46″	$+06$	127°45′49″	37°42′16″	
		C	200°30′34″	20°30′28″	$+06$	200°30′31″	110°26′58″	
		D	240°15′52″	60°15′58″	-06	240°15′55″	150°12′22″	
		A	90°03′34″	270°03′34″	00	90°03′34″		
		归零差	$\Delta_左=04″$	$\Delta_右=00″$				

表 2－6　方向观测法限差要求

限差项目	DJ2 型光学经纬仪	DJ6 型光学经纬仪
半测回归零差 Δ	12″	24″
同一测回 $2c$ 互差	18″	—
各测回归零方向值之差	12″	24″

② 数据处理。

a.计算半测回归零差。

起始方向 A 的两次读数之差的绝对值称为半测回归零差,用 Δ 表示,则有 $\Delta_左$、$\Delta_右$。半测回归零差不应超过规定,如果半测回归零差超限,应及时重测。

b.计算两倍照准轴误差 $2c$。

$2c$ 属于仪器误差,高度角一致时,同一台仪器的 $2c$ 应当是个固定值。受测量精度要求及仪器本身条件等影响,目前仅对 DJ2 以上级别经纬仪的 $2c$ 值有要求,对 DJ6 级经纬仪的 $2c$ 值未作要求。同一方向上盘左盘右的读数之差,称为照准轴误差,简称 $2c$,即

$$2c = 盘左读数 － (盘右读数 \pm 180°) \tag{2－26}$$

式中,盘右读数大于 180° 时取"－"号,盘右读数小于 180° 时取"＋"号。

计算值填入表 2－5 的第 6 列中。$2c$ 值变动的大小可以反映观测质量,一测回内各方向的 $2c$ 值相差不应超过表 2－6 中的规定,如果超限,应在原度盘位置重测。

c.计算平均读数。

平均读数又称为各方向的方向值,计算时以盘左读数为准,将盘右读数加或减 180° 后,和盘左读数取平均值,即

$$平均读数 = \frac{盘左读数 ＋ (盘右读数 \pm 180°)}{2} \tag{2－27}$$

起始方向有两个平均读数,应再取这两个平均读数的平均值,记录在表 2－5 第 7 列相应单元格的上方,并加括号。

d.计算一测回归零方向值。

将各方向的平均读数减去起始方向的平均读数,即得各方向的归零后的方向值,将数据记入表 2－5。

e.计算各测回归零方向值。

多回观测时,若同一方向的各测回归零方向值之差不超过表 2－6 中的规定,则取各测回归零方向值的平均值,作为该方向的最后结果,记入表 2－5 的第 9 列。

(3) 水平角观测注意事项。

① 仪器高度要和观测者的身高相适应;三脚架要踩实,仪器与三脚架连接要牢固;操作仪器时不要手扶三脚架,走动时要防止碰动三脚架,使用各种螺旋时用力要适当。

② 对中要认真、仔细。特别是对于边长较短的水平角观测,对中要求应更严格。

③ 严格整平仪器。当观测目标间高低相差较大时,更需注意仪器整平。

④ 观测目标要竖直,尽可能用十字丝中心部位瞄准目标(标杆或测钎)底部,并注意消除视差。

⑤ 有阳光照射时,要打伞遮光观测;一测回观测过程中,不得再调整照准部水准管气泡;如气泡偏离中心超过 1 格,应重新整平仪器,重新观测;在成像不清晰的情况下,要停止

观测。

⑥ 对于一切原始观测值和记事项目，必须现场记录在正式的外业手簿中，字迹要清楚整齐、美观，不得涂改、擦改、重笔、转抄。手簿中各记事项目，每一测站或每一观测时间段的首末页都必须记载清楚，填写齐全。进行方向观测时，每站第一测回应记录所观测的方向序号、点名和照准目标，其余测回仅记录方向序号即可。

⑦ 在一个测站上，只有当观测结果全部计算、检查合格后方可迁站。

（4）数据记录要求。

① 手簿项目填写齐全，不留空页，不撕页。

② 记录数字字体正规，符合规定。

③ 读记错误的秒值不许改动，应重新观测。读记错误的度、分值，必须在现场更改，但同一方向盘左、盘右、半测回方向值三者不得同时更改两个相关数字，同一测站不得有两个相关数字连环更改，否则应重测。

④ 凡更改错误，均应将错误数字、文字用横线整齐划去，在其上方写出正确数字或文字。原错误数字或文字应仍能看清，以便检查。需重测的方向或需重测的测回可用从左上角至右下角的斜线划去。凡划改的数字或划去的不合格结果，均应在备注栏内注明原因。需重测的方向或测回，应注明其重测结果所在页数。废站也应整齐划去并注明原因。

⑤ 补测或重测结果不得记录在测错的手簿页的前面。

3. 竖直角观测

（1）竖直度盘的结构与原理。

经纬仪的竖直度盘（简称竖盘）垂直装在望远镜旋转轴（横轴）的一端，如图 2-16 所示，横轴垂直于竖盘且过竖盘中心，当望远镜在竖直面内绕横轴转动时，竖盘随望远镜一起转动，竖盘的影像通过棱镜和透镜所组成的光具组，成像在读数显微镜的读数窗内。光具组的光轴和读数窗中测微尺的零分划线构成竖盘读数指标线，读数指标线相对于转动的度盘是固定不动的，因此，当转动望远镜照准高低不同的目标时，固定不动的指标线便可在转动的度盘上读到不同的读数。

光具组又和竖盘指标水准管相连，并且竖盘指标水准管轴和光具组光轴相垂直。当转动竖盘指标水准管微动螺旋时，读数指标线做微小移动；当竖盘指标水准管气泡居中时，读数指标线处于正确位置。因此，在进行竖直角观测时，每次读取竖盘读数之前，都必须先使竖盘指标水准管气泡居中。

竖直度盘分划与水平度盘相似，但其注记形式较多，对于 DJ6 型光学经纬仪，竖盘刻度通常有 $0°\sim360°$ 顺时针和逆时针两种注记形式，如图 2-17 所示。当竖直度盘的构造线水平（照准轴水平），竖盘指标水准管气泡居中时，竖盘盘左位置竖盘指标正确读数为 $90°$；同理，当视线水平且竖盘指示水准管气泡居中时，竖盘盘右位置竖盘指标正确读数为 $270°$。

（2）竖直角的计算。

当经纬仪在测站上安置好后，首先应依据竖盘的注记形式推导出测定竖直角的计算公式，其具体做法如下。

① 在盘左位置把望远镜大致置于水平，这时竖盘读数值约为 $90°$（若置盘右位置，约为 $270°$），这个读数称为始读数。

② 慢慢仰起望远镜物镜，观测竖盘读数（盘左时记作 L，盘右时记作 R），并将结果与始

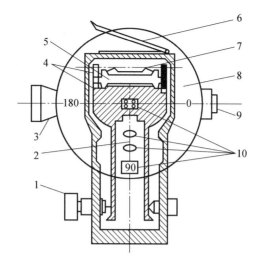

图 2—16　光学经纬仪竖盘构造

1— 指标水准管微动螺旋；2— 光具组光轴；3—
望远镜；4— 水准管校正螺丝；5— 指标水准管；
6— 指标水准管反光镜；7— 指标水准管轴；8—
竖直度盘；9— 目镜；10— 光具组（透镜和棱镜）

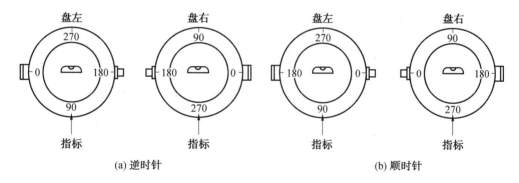

(a) 逆时针　　　　　　　　(b) 顺时针

图 2—17　竖盘注记形式

读数相比，看是增加还是减少。

③ 以盘左为例，若 $L > 90°$，则竖直角的计算公式为

$$\alpha_左 = L - 90° \tag{2—28}$$

$$\alpha_右 = 270° - R \tag{2—29}$$

若 $L < 90°$，则竖直角的计算公式为

$$\alpha_左 = 90° - L \tag{2—30}$$

$$\alpha_右 = R - 270° \tag{2—31}$$

平均竖直角为

$$L < 90° : \alpha = \frac{\alpha_左 + \alpha_右}{2} = \frac{(R - L) - 180°}{2} \tag{2—32}$$

$$L > 90° : \alpha = \frac{\alpha_左 + \alpha_右}{2} = \frac{(L - R) + 180°}{2} \tag{2—33}$$

竖直角计算公式是在假定读数指标线位置正确的情况下得出的,但在实际工作中,当望远镜视线水平且竖盘指标水准管气泡居中时,竖盘读数往往不是应有的常数,这是由于竖盘指标偏离了正确位置,使视线水平时的竖盘读数比该常数大或小了一个偏离值,这个偏离值称为竖盘指标差,一般用 X 表示。在测量竖直角时,用盘左、盘右观测取平均值的办法可以消除竖盘指标差的影响。竖直角观测中,同一仪器观测各个方向的指标差应当相等,若不相等则是由照准、整平和读数存在误差所导致的。

竖盘指标差的计算公式为

$$X = \frac{\alpha_左 - \alpha_右}{2} = \frac{R + L - 360°}{2} \qquad (2-34)$$

在测站上安置仪器后,应先确定竖直角的计算公式,目前经纬仪多采用天顶式顺时针注记,当望远镜视线水平,竖盘指标水准管气泡居中时,盘左位置,视线水平时读数为90°,当望远镜上仰,读数减小时,采用式(2-28)和式(2-30)计算竖直角;盘右位置,视线水平时读数为270°,当望远镜上仰,读数增大时,采用式(2-29)和式(2-31)计算竖直角。

【例2-3】 用如图2-18所示的经纬仪,观测一高处目标,盘左时读数为 $81°15'42''$,盘右时读数为 $278°44'24''$,计算竖直角的大小。

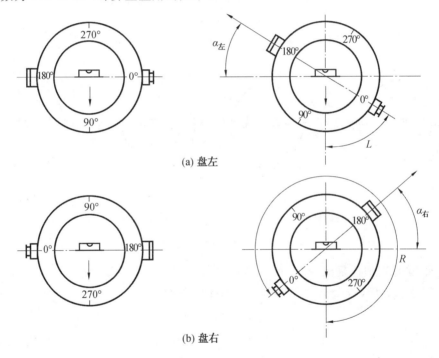

(a) 盘左

(b) 盘右

图2-18　竖直角计算

解　将盘左、盘右读数代入式(2-32),则

$$\alpha = \frac{\alpha_左 + \alpha_右}{2} = \frac{R - L - 180°}{2} = \frac{278°44'24'' - 81°15'42'' - 180°}{2} = +8°44'21''$$

(3)竖直角观测的操作步骤。

① 在测站上安置仪器,进行对中、整平,量取仪器高(测站点标志顶端至仪器横轴的垂直距离)。

② 当仪器整平后,用盘左位置照准目标,固定照准部和望远镜,转动水平微动螺旋和竖直微动螺旋,使十字丝的横丝精确切准目标的特定部位。

③ 旋转竖盘指标水准管微动螺旋,使其气泡居中,重新检查目标切准情况,确认无误后即可读数,记入手簿中相应位置。对于有自动安平补偿器的经纬仪,则无指标水准管,不需要进行此项操作,观测时,切准目标后即可读数。

④ 纵转望远镜,用盘右位置照准同一目标的同一特定部位,按步骤③操作并读数,记入表 2－7 中相应位置。

以上观测称为一测回。此观测法仅用十字丝的横丝(中丝)照准目标,故称为中丝法。图根控制的竖直角观测,一般要求用中丝法观测两测回,且两个测回要分别进行,不得用两次读数的方法代替。

当一个测站上要观测多个目标时,可将 3～4 个目标作为一组,先观测本组所有目标的盘左,再纵转望远镜观测本组所有目标的盘右,将读数分别记入手簿相应栏内,这样可以减少纵转望远镜的次数,节约观测时间,但要防止记录时记错位置。

对某一目标观测一测回结束后,即可计算其指标差 X,记入表 2－7 的第 7 列;然后计算其竖直角 α 的大小,记入表 2－7 的第 8 列。当两个测回所测竖直角相差不超过限差规定($\pm 24''$)时,取其平均值作为最后结果,记入表 2－7 的第 8 列。在一个测站上一次设站观测结束后,如果本站所有指标差互差不超过限差要求($\pm 24''$),则本站竖直角观测合格,否则超限目标应重测。

表 2－7　竖直角观测记录手簿

测站	仪器高 /m	目标	目标高 /m	竖盘位置	竖盘读数	指标差	半测回竖直角	一测回竖直角
1	2	3	4	5	6	7	8	9
O	1.56	A	2.64	左	81°48′36″	+3	+8°11′24″	+8°11′27″
				右	278°11′30″		+8°11′30″	
		B	2.82	左	96°26′42″	+24	−6°26′42″	−6°26′18″
				右	263°34′06″		−6°25′54″	

(4)竖直角观测的注意事项。

① 横丝切准目标的特定部位,要在记录手簿相应栏内注明或绘图表示,不能含糊不清或没有交代。同一目标必须切准同一部位。

② 盘左、盘右照准目标时,应使目标影像位于纵丝附近两侧的对称位置上,这样有利于消除横丝不水平引起的误差。

③ 每次读数前必须使指标水准管气泡居中(对自动安平经纬仪则无此要求)。

④ 图根控制的竖直角观测时间段一般不予限制,但视线过长或通过江河湖海等水面时,应选择在中午前后进行观测,避免在日出前和日落后气压差较大时观测。

⑤ 每次设站应及时量取仪器高和观测目标高,量至厘米,记入记录手簿相应栏内,并将量取观测目标高的特定部位在手簿相应栏内注明。

⑥ 记录要求同水平角观测的记录要求。

任务四　距离测量方法与直线定向

如果地面两点间距离较长，一整尺不能量完，或由于地面起伏不平，不便用整尺段直接丈量，就须在两点间加设若个中间点，而将全长分为几小段。这种在某直线段的方向上确定一系列中间点的工作，称为直线定线，简称定线。定线方法有目估定线、经纬仪定线和拉线定线，一般量距时用目估定线，精密量距时用经纬仪定线，距离不长时可用拉线定线。

1. 直线定线

（1）目估定线。

如图2－19所示，设A和B为地面上相互通视、待测距离的两点。现要在直线AB上定出分段点1、2，具体方法为：先在A、B两点上竖立标杆，甲站在A杆后约1 m处，指挥乙左右移动标杆，直到甲在A点沿标杆的同一侧看见A、1、B三点处的标杆在同一直线上。用同样方法可定出点2。直线定线一般应由远到近，即先定分段点1，再定分段点2。为了不挡住甲的视线，乙应持标杆站立在直线方向的左侧或右侧。

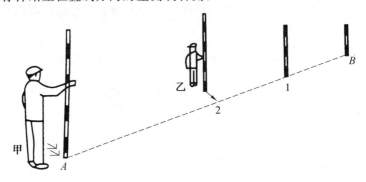

图2－19　目估定线

在实际工作中，A、B两点可能由于地形或障碍物阻挡而不通视，如图2－20所示，A、B两点在高地两侧，此时可以采用逐渐趋近的方法进行定线。首先在A、B两点上竖立标杆，甲乙两人各持标杆分别选择在C_1和D_1处站立，要求B、D_1、C_1位于同一直线上，且甲能看到B点，乙能看到A点。可先由甲站在C_1处指挥乙移动至BC_1直线上的D_1处。然后由站在D_1处的乙指挥甲移动至AD_1直线上的C_2处，要求甲站在C_2处能看到B点。接着再由站在C_2处的甲指挥乙移至能看到A点的D_2处，这样逐渐趋近，直到C、D、B在一条直线上，同时A、C、D也在一条直线上，这时说明A、C、D、B均在同一条直线上

（2）经纬仪定线。

当直线定线精度要求较高时，可用经纬仪等角度测量仪器定线。如图2－21所示，欲在AB直线上确定出1、2点的位置，可将经纬仪安置于A点，用望远镜照准B点，固定照准部制动螺旋，然后将望远镜向下俯视，将十字丝交点投测到AB线上相应点，打下木桩，并在桩顶钉小钉以确定出1点的位置。同法标定出2点的位置。

（3）拉线定线。

建筑工程施工过程中，常利用一根拉直的细线将轴线定位于两端点之间，沿细线位置弹墨线或撒白灰，作为施工的依据，这就是拉线定线。

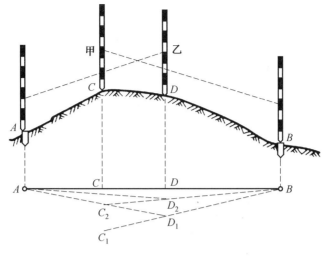

图 2—20　逐渐趋近定线

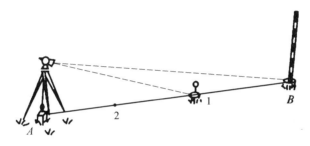

图 2—21　经纬仪定线

2.量距方法

（1）一般量距。

① 平坦地面。

在平坦地区，量距精度要求不高时，可采用整尺法量距，直接用钢尺沿地面测量。如图 2—22 所示，量距前，先在直线两端点 A、B 处立标杆，然后由后拉尺员持钢尺零点一端，前拉尺员持钢尺末端并持一束测钎按定线方向沿地面拉紧钢尺，前拉尺员在尺末端分划处垂直插下一个测钎，这样就可以量定一个尺段。然后，前、后拉尺员同时将钢尺抬起（悬空，勿在地面拖拉）前进。后拉尺员走到第一根测钎处，用零点一端对准测钎，前拉尺员拉紧钢尺在钢尺末端处插下第二根测钎，依次继续丈量。每量完一尺段，前进时后拉尺员要注意收回测钎，最后一尺段不足一整尺时，前拉尺员在 B 点标志处读取尺上刻划值，后拉尺员手中测钎数为整尺段数。设整尺段数为 n，钢尺长度为 l_0，不到一个整尺段距离为余长 Δl，则水平距离 D 计算式为

$$D = nl_0 + \Delta l \tag{2—35}$$

② 倾斜地面。

在高低起伏的地面量距时，一般采取抬高尺子一端或两端，使尺子呈水平以量得直线的水平距离的办法。如图 2—23（a）所示，在测量时，使尺子一端对准地面标志点，将另一端抬高使尺子成水平（目估）。拉紧后，悬挂垂球线使其对准尺上分划线，再以测钎标出垂球尖端

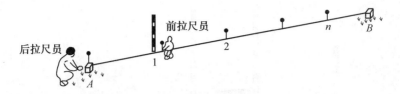

图 2－22　平坦地面一般量距

所对的地面点位,即为该分划线的水平投影位置。连续分段测量,可求得 AB 直线的水平距离。

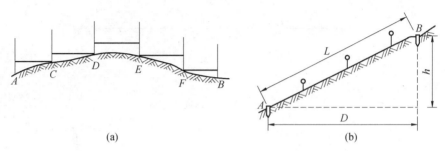

(a)　　　　　　　　　　　　　　　(b)

图 2－23　倾斜地面一般量距

如果两点间高差较大,但地面坡度比较均匀,大致成一倾斜面,如图 2－23(b) 所示,则可沿地面测量倾斜距离 L,用水准仪测定两点间的高差 h,则水平距离 D 的计算公式为

$$D = \sqrt{L^2 - h^2} \qquad\qquad (2-36)$$

为了防止出现错误和提高测量精度,通常要进行往返测量,一般用相对误差来衡量距离测量结果的精度。钢尺量距的精度与测区的地形和工作条件有关。对于图根导线,钢尺量距往返之差的相对误差不得大于 1/3 000。符合限差规定时取平均值作为最终测量结果。

【例 2－4】　一条直线往测长度为 327.57 m,返测长度为 327.51 m,求其最终测量值。

解　该直线长度的测量值为

$$D_{平均} = \frac{1}{2}(D_{往} + D_{返}) = \frac{1}{2} \times (327.57 + 327.51) = 327.54 \text{ (m)}$$

相对误差为

$$K = \frac{|D_{往} - D_{返}|}{D_{平均}} = \frac{|327.57 - 327.51|}{327.54} = \frac{1}{5\,459}$$

根据上述限差,该次测量结果合乎要求,则其测量的最终结果为 327.54 m。

(2) 精密量距。

当量距精度要求在 1/10 000 以上时,要用精密量距(图 2－24)。精密量距可以采用钢尺悬空测量并在尺段两端同时读数的方法进行。测量前,先用仪器定线,并在方向线上标定出略短于测尺长度的若干线段。各线段的端点用大木桩标志,桩顶面刻划"十"字表示端点点位。量距时需要五人,其中两人拉尺(拉尺员),两人读数(读尺员),一人指挥兼记录、观测温度(记簿员)。以 30 m 的钢尺,标准拉力为 100 N 为例,测量时,从直线一端开始,将钢尺一端连接在弹簧秤上,钢尺零端在前,末端在后。然后将钢尺两端置于木桩上,两拉尺员用检定时的拉力把钢尺拉直后,前、后读尺员同时进行读数,读到毫米,记簿员随即将读数记入表 2－8。以同样方法逐段测量(应往、返测量)。这种测量方法要求每尺段进行三次读数,每次读数前,稍许移动钢尺,使尺上不同分划对准端点,每次移动量可在 10 cm 范围内变动。若三次读数算得的尺段长度的较差限度在规定限度内(按不同要求而定,一般要求不超过 2～5 mm),可取三次读数的平均值作为该尺段的最后结果。若其中一次读数超限,应再进行一次读数。对每一尺段进行读数时,还应在测量前或测量后用仪器测定温度。

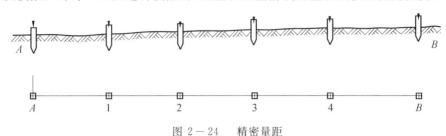

图 2－24　精密量距

表 2－8　精密量距记录计算表

钢尺号码:No:12　　　　钢尺膨胀系数:1.25×10^{-5} ℃$^{-1}$　　　钢尺检定时温度 t_0:20 ℃

钢尺名义长度:30 m　　　钢尺检定长度:30.005 m　　　钢尺检定时拉力:100 N

尺段编号	实测次数	前尺读数/m	后尺读数/m	尺段长度/m	温度/℃	高差/m	温度改正数/m	倾斜改正数/m	尺长改正数/m	改正后尺段长/m
A－1	1	29.435 0	0.041 0	29.394 0	+25.5	+0.36	+2.0	－2.2	+4.9	29.397 7
	2	510	580	930						
	3	025	105	920						
	平均			29.393 0						
1－2	1	29.936 0	0.070 0	29.866 0	+26.0	+0.25	+2.2	－1.0	+5.0	29.871 4
	2	400	755	645						
	3	500	850	650						
	平均			29.865 2						
2－3	1	29.932 0	0.017 5	29.905 5	+26.5	－0.66	+2.3	－7.3	+5.0	29.905 7
	2	300	250	050						
	3	380	315	065						
	平均			29.905 7						
3－4	1	29.925 3	0.018 5	29.905 0	+27.0	－0.54	+2.5	－4.9	+5.0	29.908 3
	2	305	255	050						
	3	380	310	070						
	平均			29.905 7						
4－B	1	15.975 5	0.076 5	15.899 0	+27.5	+0.42	+1.4	－5.5	+2.6	15.897 5
	2	540	555	985						
	3	805	810	995						
	平均			15.899 0						
总和				134.968 6			+10.3	－20.9	+22.5	134.980 6

记录:　　　　　　　　　计算:　　　　　　　　校核:

(3)钢尺量距的结果整理。

钢尺量距时,由于钢尺长度有误差并受量距时的环境影响,应对量距结果进行以下几项改正,才能保证距离测量精度。

① 尺长改正。

钢尺名义长度 l_0 一般和实际长度不相等,每量一段都需加入尺长改正。假设在标准拉力、标准温度下经过检定钢尺的整段实际长度为 l,则任一长度 L 的尺长改正数 ΔD_L 为

$$\Delta D_L = \frac{\Delta l}{l_0} L = \frac{l - l_0}{l_0} L \tag{2-37}$$

式中,Δl 为钢尺整尺段的尺长改正;l 为钢尺实际长度;l_0 为钢尺所刻注长度,即名义长度;L 为钢尺丈量的任一长度。

② 温度改正。

钢尺长度受温度影响会伸缩。当野外量距时如发生温度与检定钢尺时温度 t_0 不一致的情况,要进行温度改正。任一长度 L 的温度改正数 ΔD_t 为

$$\Delta D_t = La(t - t_0) \tag{2-38}$$

式中,a 为钢尺膨胀系数,一般为 $12.5 \times 10^{-6}\ ℃^{-1}$;$t$ 为丈量时钢尺温度;t_0 为钢尺检定时温度。

③ 倾斜改正。

设某段两端的高差为 h,丈量斜距为 L,水平距离为 D,则其倾斜改正数 ΔD_h 为

$$\Delta D_h = D - L \approx \frac{h^2}{2L} \tag{2-39}$$

经过以上三项改正后就可求得水平距离为

$$D = L + \Delta D_L + \Delta D_t + \Delta D_h \tag{2-40}$$

3. 钢尺检定

由于制造误差、长期使用产生的变形等原因,钢尺的名义长度和实际长度往往不一样,因此在精密量距前必须对钢尺进行检定。钢尺检定一般用平台法,由专门的计量单位在特定的钢尺检定室进行。将钢尺放在长度为 30 m 或 50 m 的水泥平台上,平台两端安装有施加拉力的拉力架,给钢尺施加标准拉力,然后用标准尺量测被检定的钢尺,得到在标准温度和标准拉力下的实际长度,最后给出尺长随温度变化的函数式,称为尺长方程式,即

$$l = l_0 + \Delta l + a(t - t_0)l_0 \tag{2-41}$$

式中,l 为钢尺实际长度;l_0 为钢尺名义长度;Δl 为尺长改正数,即钢尺在温度 t 下的改正数;a 为钢尺膨胀系数,一般为 $12.5 \times 10^{-6}\ ℃^{-1}$;$t$ 为距离丈量时的温度;t_0 为钢尺检定时温度(一般换算到标准温度 20 ℃)。

【例 2-5】 某钢尺的名义长度为 50 m,当温度为 20 ℃ 时,其真实长度为 49.994 m,求钢尺的尺长方程式。

解 根据题意,$l_0 = 50$ m,$t = 20$ ℃,$\Delta l = 49.994 - 50 = -0.006$(m),则该钢尺的尺长方程式为

$$l = 50 - 0.006 + 12.5 \times 10^{-6} \times 50 \times (t - 20)$$

4. 直线定向

确定地面上两点之间的相对位置,除了需要测定两点之间的水平距离外,还需确定两点所连直线的方向。在测量上,直线方向是以该直线与某一基本方向线之间的夹角来确定的。确定直线方向与基本方向之间的关系,称为直线定向。

（1）标准方向。

① 真子午线方向。

地球表面任意一点指向地球南、北极的方向线为该点的真子午线,真子午线在该点的切线方向为该点的真子午线方向,可以应用天文测量方法或者陀螺经纬仪来测定地球表面任意一点的真子午线方向。地面上两点真子午线之间的夹角称为子午线收敛角,用 γ 表示。

② 磁子午线方向。

地球表面任意一点与地球磁场南、北极连线所组成的平面与地球表面的交线称为该点的磁子午线,磁子午线在该点的切线方向称为该点的磁子午线方向。磁针静止时所指的方向为该点的磁子午线方向,可以使用罗盘仪来测定。

由于地球的南、北极与地球磁场的南、北极不重合,因此过地表任意一点 P 的真子午线方向与磁子午线方向也不重合,两者间的夹角为磁偏角,用 δ 表示。当磁子午线在真子午线东侧时,称为东偏,为正;当磁子午线在真子午线西侧时,称为西偏,为负。我国磁偏角的变化范围为 $+6°\sim-10°$。

③ 坐标子午线方向。

坐标子午线方向又称坐标纵轴方向,它是指直角坐标系中坐标纵轴的方向。地面上各点真子午线都是指向地球的南北极的,但不同点的真子午线方向是不平行的,这给计算工作带来不便,因此在普通测量中,一般采用坐标子午线方向作为标准方向,这样测区内地面各点的标准方向是相互平行的。

在高斯平面直角坐标系中,中央子午线与坐标子午线方向一致,除中央子午线外,其他地区的真子午线与坐标子午线不重合,两者所夹的角即为中央子午线与该地区坐标子午线之间所夹的收敛角 γ。当坐标子午线在真子午线东侧时,γ 为正;当坐标子午线在真子午线西侧时,γ 为负。

（2）直线方向的表示方法。

① 方位角。

测量中直线的方向常用方位角表示,方位角是指由标准方向的北端顺时针方向旋转至该直线方向的水平夹角。方位角的取值范围是 $0°\sim360°$。因为标准方向有三种,所以坐标方位角也有三种(图 2-25)。

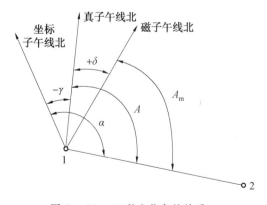

图 2-25　三种方位角的关系

以真子午线北端起算的方位角为真方位角,用 A 表示。

以磁子午线北端起算的方位角为磁方位角,用 A_m 表示。

以坐标子午线(坐标纵轴)北端起算的方位角为坐标方位角,用 α 表示。

根据真子午线、磁子午线、坐标子午线三者之间的相互关系,如图 2—25 所示,各方位角间有以下关系:

$$A = A_m + \delta \quad (\delta \text{ 东偏为正,西偏为负}) \quad (2-42)$$

$$A = \alpha + \gamma \quad (\gamma \text{ 东偏为正,西偏为负}) \quad (2-43)$$

因此,

$$\alpha = A_m + \delta - \gamma \quad (2-44)$$

② 正反方位角。

测量工作中的直线都是具有一定方向的,一条直线的坐标方位角由于起始点的不同而存在着两个值。如图 2—26 所示,A 是起点,B 是终点,过起点 A 的坐标纵轴方向与直线 AB 所夹的坐标方位角 α_{AB} 为直线 AB 的正坐标方位角;过终点 B 的坐标纵轴方向与直线 BA 所夹的坐标方位角 α_{BA} 为直线 AB 的反坐标方位角(同时是直线 BA 的正坐标方位角)。由于在同一坐标系内各点的坐标北方向均是平行的,因此一条直线的正反坐标方位角相差 $180°$,即

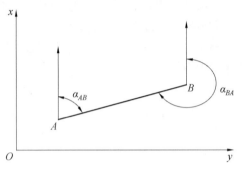

图 2—26　正反坐标方位角

$$\alpha_{AB} = \alpha_{BA} \pm 180° \quad (2-45)$$

③ 象限角。

所谓象限角就是坐标纵轴与目标直线所夹的锐角,常用 R 表示,其取值范围为 $0° \sim 90°$。如图 2—27 所示,在测量坐标系中,直线 OA 位于第 Ⅰ 象限,象限角是 R_{OA};直线 OB 位于第 Ⅱ 象限,象限角是 R_{OB};直线 OC 位于第 Ⅲ 象限,象限角是 R_{OC};直线 OD 位于第 Ⅳ 象限,象限角是 R_{OD}。

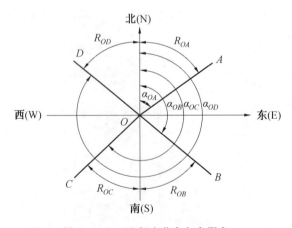

图 2—27　坐标方位角与象限角

坐标方位角和象限角均是表示直线方向的方法,它们之间既有区别又有联系。在实际测量中经常用到它们之间的换算,由图 2—28 可以推算出它们之间的换算关系,见表

$2-9$。

表 $2-9$　坐标方位角和象限角的换算

直线方向	由坐标方位角 α 求象限角 R	由象限角 R 求坐标方位角 α
第 Ⅰ 象限（北东）	$R = \alpha$	$\alpha = R$
第 Ⅱ 象限（东南）	$R = 180° - \alpha$	$\alpha = 180° - R$
第 Ⅲ 象限（西南）	$R = \alpha - 180°$	$\alpha = 180° + R$
第 Ⅳ 象限（西北）	$R = 360° - \alpha$	$\alpha = 360° - R$

5. 坐标计算

（1）坐标正算。

根据已知点的坐标和已知点到待定点的坐标方位角、边长计算待定点平面直角坐标，称为坐标正算。如图 $2-28$ 所示，已知 A 点坐标为 (X_A, Y_A)，A、B 两点之间的距离为 D_{AB}，直线 AB 的坐标方位角为 α_{AB}，则待定点 B 的坐标为

$$\begin{cases} x_B = x_A + D_{AB} \cos \alpha_{AB} \\ y_B = y_A + D_{AB} \sin \alpha_{AB} \end{cases} \tag{2-46}$$

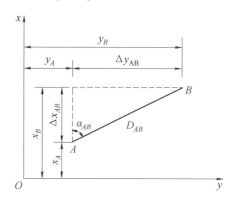

图 $2-28$　坐标正算

式（$2-46$）即为坐标正算公式，由于坐标方位角和坐标增量都具有方向性，在实际应用中要注意下标的书写。

（2）坐标反算。

根据两个已知点的平面直角坐标，反过来计算它们之间距离和方位角，称为坐标反算。如图 $2-28$ 所示，假设已知 A 点坐标为 (X_A, Y_A)，B 点坐标为 (X_B, Y_B)，则可得直线 AB 的坐标增量为

$$\begin{cases} \Delta x_{AB} = x_B - x_A \\ \Delta y_{AB} = y_B - y_A \end{cases} \tag{2-47}$$

由此可得直线 AB 的象限角为

$$R_{AB} = \arctan \left| \frac{\Delta y_{AB}}{\Delta x_{AB}} \right| = \arctan \left| \frac{y_B - y_A}{x_B - x_A} \right| \tag{2-48}$$

根据 Δx_{AB}、Δy_{AB} 的正负符号可判断象限角 R_{AB} 所在的象限，然后根据表 $2-9$ 中象限角与坐标方位角的换算公式可计算方位角 α_{AB}。

A、B 两点之间的距离可以根据下面任一式子进行计算。

$$D_{AB} = \frac{\Delta x_{AB}}{\cos \alpha_{AB}} = \frac{\Delta y_{AB}}{\sin \alpha_{AB}} \qquad (2-49)$$

$$D_{AB} = \sqrt{(x_B - x_A)^2 + (y_B - y_B)^2} \qquad (2-50)$$

（3）坐标方位角的推算。

在实际工作中并不需要直接测定每条直线的坐标方位角，通过与已知坐标方位角的直线连测后推算出各直线的坐标方位角即可，如图 2-29 所示。

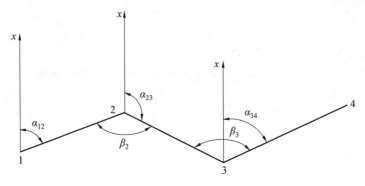

图 2-29　坐标方位角推算

由图 2-29 可知

$$\alpha_{23} = \alpha_{12} - \beta_2 + 180°$$

$$\alpha_{34} = \alpha_{23} + \beta_3 - 180°$$

因 β_2 在推算路线前进方向的右侧，该转折角称为右角；β_3 在左侧，称为左角。从而归纳出推算坐标方位角的一般公式为

$$\alpha_{前} = \alpha_{后} + \beta_{左} - 180°$$

$$\alpha_{前} = \alpha_{后} - \beta_{右} + 180° \qquad (2-51)$$

计算中如果 $\alpha_{前} > 360°$，应自动减去 $360°$；如果 $\alpha_{前} < 0°$，则应自动加上 $360°$。

模块三 园林工程测量

任务一 园林工程测量概述

园林工程测量按照工程的施工程序,一般分为规划设计前的测量、规划设计测量、施工放样测量和竣工测量 4 个阶段进行。

1. 规划设计前的测量

规划设计前,首先进行控制测量,其内容分为平面控制测量和高程控制测量。如果在施工现场仍然保存着过去测绘地形图的测量控制点,在施工测量中仍可利用;如果过去的测量控制点已破坏、丢失,必须重新进行施工控制测量工作。其具体布设和内、外业可以按照方格网法建立施工控制网。方格网的建立应遵循以下原则。

① 方格网方向的确定应与设计平面的方向一致或与南北东西方向一致。

② 方格网的每个格的边长一般为 20 ～ 40 m,可根据测设对象的繁简程度适当缩短或加长。

③ 在设计方格网时,应力求使方格角点与所测设对象接近。

④ 方格网点间应保证良好的通视条件,并力求使各角点避开原有建筑、坑塘及动土地带。

⑤ 各方格转折角应严格成 90°。

⑥ 方格网主轴线的测设应采用较高精度的方法进行,以保证整个控制网的精度。

(1) 根据高一级平面控制点测设方格网。

① 测设方格网主轴线。

a. 在进行方格网测设时,先确定出两条相互垂直的主轴线,如图 3－1 所示。根据高一级平面控制点 A、B 的坐标和主轴线上的任意三个点的坐标,如点 12、13、14 的坐标(此三点坐标可依据设计规定或从图中量取求得),计算出高一级平面控制点至各点水平距离及相应的水平角度。

【例 3－1】 计算 A 点至 13 点的水平距离 S_{A13} 和 AB 与 $A13$ 所夹的水平角度 β_{13},其计算公式为

$$S_{A13} = \sqrt{(Y_{13} - Y_A)^2 + (X_{13} - X_A)^2}$$
$$\alpha_{A13} = \arctan \frac{Y_{13} - Y_A}{X_{13} - X_A} \qquad (3-1)$$
$$\beta_{13} = \alpha_{AB} - \alpha_{13}$$

式中 α_{A13}——$A13$ 边的方位角;

        α_{AB}——AB 边的方位角。

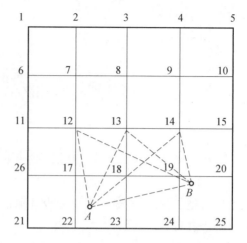

图 3－1　方格网主轴线的测设

用上述公式也可计算 A、B 两点至 12、13、14 各点的水平距离，AB 和 A12、A14 所夹的水平角度，BA 和 B12、B13、B14 所夹的水平角度。

b. 图上量取水平距离和水平角度。

c. 测设。

将经纬仪安置于平面控制点 A，采用极坐标法测设，根据已计算出的水平距离和水平角度测设上述 12、13 和 14 三点。如测设 12 点时，以 AB 边为起始边，用测回法测设出 A12 方向，取其平均方向。然后在此方向上用钢尺量出 SA12 的长度定出 12 点并钉钉，在测设水平距离时应往返两次取其平均位置。同法在 A 点测设出 13 和 14 两点。

然后，将经纬仪安置于平面控制点 B。依据已计算出的有关水平距离和水平角度检验上述 12、13 和 14 各点位，如果偏差过大应查找原因，重新测设。

对已测设于地面上的 12、13 和 14 三点进行检查：一是实量各点间水平距离并与设计长度比较；二是用仪器检查此三点是否位于同一直线，如有误差，应作适当的调整，务必使其间水平距离与设计长度一致，且三点位于同一直线上。

将经纬仪置于 13 点上，用延长直线的方法，用钢尺测出 11 点和 15 点。

在 13 点上利用经纬仪以点 12、13 连线的方向为始边，测设出两个直角，得出与点 12、13 连线相垂直的方向，即点 13、3 连线和点 13、23 连线两个方向，并在该方向上测设出 3、8、18 和 23 等各点。

通过以上步骤，此方格网的主轴线测设即完成。

② 方格网其他各点的测设。

主轴线上各点测设完成后，在主轴线各点上，如 11、12、14 和 15 四点分别安置经纬仪测设出其他各点，然后对各新的点，用钢尺按设计距离进行校核，误差较大的应检查原因，误差小的应作适当调整，从而得出一个完整的方格网。方格网上各点均应打桩钉钉，准确标明点位，而且桩一定要牢固，必要时应埋设石桩，以防施工中碰动或损坏。

（2）根据原有地物测设方格网。

有的施工现场存有建筑或其他具有方位意义的地物而无测量控制点时，可根据这些地物测设出方格网。首先也应将主轴线测设出来。

【例 3－2】　如图 3－2 所示,A 和 B 为施工现场的两个原有建筑物。自 A 建筑物的房角 a 和 b 两点作相等的两延长线,得 M 和 N 两点;再从 B 建筑的房角 c、d 两点作相等的两延长线,得 G 和 H 两点;分别作 MN 及 GH 的延长线,并使两线相交得到 O 点。将经纬仪安置于 O 点,根据 MN 和 GH 两方向及方格尺寸定出两个方格点 P 和 Q;测出 $\angle POQ$ 的值。若此值不为 $90°$,则需校正。此时 O 点位置不变,将两方向各改正角度差值的一半,从而定出点 P 和 Q 的正确位置。根据 OP 及 OQ 改正后的方向,再定出另外两个方向,即 OE 和 OF,至此主轴线测设完成。依主轴线进一步定出整个方格网,其方法与前述相同。

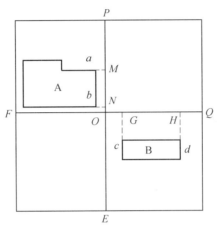

图 3－2　根据原有地物测设方格网

(3) 方格网点高程测量。

首先,在方格网内选择一些方格网点作为高程控制点,构成一闭合水准路线。然后,进行水准路线的内、外业观测和内业计算。最后,求出各方格点的高程。

2. 规划设计测量

测绘符合各单项工程特点的工程专用图、带状地形图、纵横断面图,以及为有关调查测量提供依据等。

3. 施工放样测量

施工放样测量是根据设计和施工的要求,建立施工控制网并将图上的设计内容测设到实地上,作为施工的依据。

4. 竣工测量

竣工测量是为工程质量检查和验收提供依据,也是工程运行管理阶段和以后扩建的依据。

任务二　　园林场地平整测量

园林场地平整测量常采用方格水准法。根据平整场地的要求不同,可以把场地平整成水平或具有一定坡度的地面。

1. 平整成水平地面

（1）计算设计高程。

如图 3－3 所示,桩号（1）、（10）、（11）、（9）、（3）各点为角点,（4）、（7）、（6）、（2）为边点,（8）为拐点,（5）为中点;如果已求得各点的地面高程为 $H_i(i=1,2,\cdots,11)$,设计高程可按下面的方法计算。

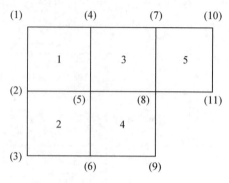

图 3－3 平整水平地面

设各个方格的平均高程为

$$\overline{H}_1 = \frac{1}{4}(H_1 + H_4 + H_5 + H_2)$$

$$\overline{H}_2 = \frac{1}{4}(H_2 + H_5 + H_6 + H_3)$$

$$\cdots\cdots$$

$$\overline{H}_5 = \frac{1}{5}(H_7 + H_{10} + H_{11} + H_8)$$

地面设计高程为

$$H_0 = \frac{1}{4\times 5}\left(\sum H_角 + 2\sum H_边 + 3\sum H_拐 + 4\sum H_中\right) \qquad (3-2)$$

式中,$\sum H_角$、$\sum H_边$、$\sum H_拐$、$\sum H_中$ 分别为各角点、各边点、各拐点和各中点高程总和,前面有系数是因为各角点参与一个方格的平均高程计算,各边点参与两个方格的平均高程计算,余类推,如有 n 个方格可得

$$H_0 = \frac{1}{4\times n}\left(\sum H_角 + 2\sum H_边 + 3\sum H_拐 + 4\sum H_中\right) \qquad (3-3)$$

将 H_0 作为平整土地的设计高程时,把地面整成水平,能达到土方平衡的目的。

（2）计算施工量。

各桩点的施工量为

施工量＝设计高程－桩点地面高程

（3）计算土方量。

先在方格网上绘出施工界限,即决定开挖线。开挖线是将方格边上施工量为零的各点连接而成的。零点位置可目估测定,也可按比例计算确定。因挖方量应与填方量相等,所以可按下式计算土方量。

$$\begin{cases} V_{挖} = A\left(\dfrac{1}{4}\sum h_{角挖} + \dfrac{1}{2}\sum h_{边挖} + \dfrac{3}{4}\sum H_{拐挖} + \sum H_{中挖} \right) \\ V_{填} = A\left(\dfrac{1}{4}\sum h_{角填} + \dfrac{1}{2}\sum h_{边填} + \dfrac{3}{4}\sum H_{拐填} + \sum H_{中填} \right) \end{cases} \quad (3-4)$$

2. 平整成具有一定坡度的地面

一般场地按地形现况整成一个或几个有一定坡度的斜平面。横向坡度一般为零，如有坡度以不超过纵向（水流方向）坡度的一半为宜。纵、横坡度一般不宜超过 1/200，否则会造成水土流失。具体设计步骤如下。

（1）计算平均高程。

$$H_0 = \frac{1}{4 \times n}\left(\sum H_{角} + 2\sum H_{边} + 3\sum H_{拐} + 4\sum H_{中} \right) \quad (3-5)$$

（2）纵、横坡的设计。

略。

（3）计算各桩点的设计高程。

首先选零点，其位置一般选在地块中央的桩点上，并以地面的平均高程 H_0 为零点的设计高程。根据纵、横向坡降值计算各桩点高程，然后计算各桩点施工量，画出开挖线，计算土方量。

（4）土方平衡验算。

如果零点位置选择不当，将影响土方的平衡。一般当填、挖方绝对值差超过填、挖方绝对值平均数的 10% 时，需重新调整设计高程，验算方法如下。

$V_{挖}$、$V_{填}$ 应绝对值相等，符号相反，即

$$A\left[\frac{1}{4}\left(\sum h_{角填} + \sum h_{角挖} \right) + \frac{1}{2}\left(\sum h_{边填} + \sum h_{边挖} \right) + \frac{3}{4}\left(h_{拐填} + h_{拐挖} \right) + \left(h_{中填} + h_{中挖} \right) \right] = 0 \quad (3-6)$$

（5）调整方法。

按照设计高程改正数等于总挖土量、总填土量之和与地块总面积的比值进行土方调整。为了便于现场施工，最好再算出各个方格的土方量，画出施工图，在图上标出运土方案。

任务三　园林建筑施工测量

1. 园林建筑物的定位

园林建筑物的定位，就是将建筑物外廓的各轴线交点（简称角桩），测设到地面上，作为基础放样和主轴线放样的依据。根据现场定位条件的不同，可选择以下方法。

（1）利用"建筑红线"定位。

在施工现场若有规划管理部门设定的"建筑红线"，则可依据此"红线"与建筑物的位置关系进行测设，如图 3-4 所示，AB 为"建筑红线"，新建筑物茶道室的定位方法如下。

① 从平面图上，查得茶道室轴线 MP 的延长线上的点 P' 与 A 间的距离 AP'、茶道室的

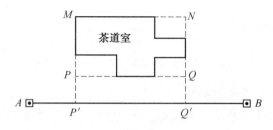

图 3-4　利用"建筑红线"定位

长度 PQ 及宽度 PM。

②在桩点 A 安置经纬仪,照准 B 点,在该方向上用钢尺量出 AP' 和 AQ',定出 P'、Q' 两点。

③将经纬仪分别安置在 P' 和 Q' 两点,以 AB 方向为起始方向精确测设 $90°$ 角,得出 $P'M$ 和 $Q'N$ 两方向,并用钢尺量出 $P'P$ 和 PM,分别定出 P、M、Q、N 各点。

④用经纬仪检查 $\angle MPQ$ 和 $\angle NQP$ 是否为 $90°$,用钢尺检验 PQ 和 MN 是否等于设计的尺寸。若角度误差在 $1'$ 以内,距离误差在 $1/2\ 000$ 以内,可根据现场情况进行调整,否则,应重新测设。

(2)利用与已有建筑物的位置关系定位。

在规划范围内若保留有原有的建筑物或道路,当测设精度要求不高时,对拟建建筑物也可根据它与已有建筑物的位置关系来定位,图 3-5 中画阴影的为拟建建筑物,未画阴影的为已有建筑物。

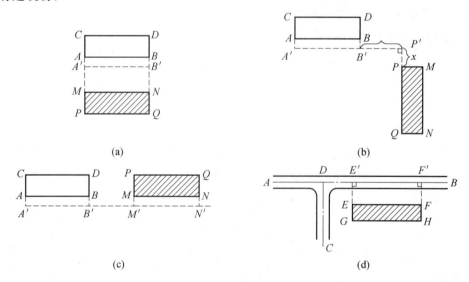

图 3-5　利用与已有建筑物的位置关系定位

①图 3-5(a)所示为拟建建筑物与已有建筑物长边平行的情况。测设时,先用细线绳沿着已有建筑物的两边 CA 和 DB 延长出相同的一段距离(如 2 m)得 A'、B' 两点,分别在 A'、B' 两点安置经纬仪,以 $A'B'$ 或 $B'A'$ 为起始方向,测设出 $90°$ 角方向,在此方向上用钢尺测量设置 M、P 和 N、Q 四个角点;定位后,对角度(经纬仪测回法测量)和长度(钢尺测量)进行检查,与设计值相比较,角度误差不应超过 $1'$,长度误差不应超过 $1/2\ 000$。

②图 3-5(b)所示为拟建建筑物与已有建筑物长边互相垂直的情况。定位时按上种情

况测设 M 点的方法测设出 P' 点;安置经纬仪于 P' 点测设 $P'A'$ 的垂线方向,在此方向上用钢尺测量设置 P、Q 两个角点;分别在 P、Q 两点安置经纬仪,测设 PQ 的垂直方向,在此方向上用钢尺测量 PM 和 QN 的长度,即得 M、N 两个角点。最后同法进行角度和长度校核。

③图 3－5(c) 所示为拟建建筑物与已有建筑物长边在一条直线上的情况。按上述方法用细线绳测设出 A'、B' 两点,在 B' 点安置经纬仪,用正倒镜法延长 $A'B'$,在延长线方向上用钢尺测量设置 $'M$ 和 N' 点;将经纬仪分别安置在 $'M$ 和 N' 两点上,以 $M'A'$ 和 $N'A'$ 为起始方向,测设出 $90°$ 角方向,在此方向上用钢尺测量设置 M、P 和 N、Q 四个角点,最后校核角度和长度,方法和精度同上。

④图 3－5(d) 所示为拟建建筑物的轴线平行于道路中线的情况。定位时先找出道路中线 DB,在中线上用钢尺测量设置 E、F 两点;分别在 E'、F' 点上安置经纬仪,以 $E'D$ 和 $F'D$ 为起始方向,测设出 $90°$ 角方向,在此方向上用钢尺测量设置 E、G 和 F、H 四个角点,最后同法进行角度和长度校核。

若施工现场布有建筑方格网,还可用直角坐标法进行定位。

2. 园林建筑物主轴线的测设

可根据已定位的建筑物外廓各轴线角桩,如图 3－6 中的 E、F、G、H 所示,详细测设出建筑物内各轴线的交点桩(也称中心桩)的位置,如 A,A',B,B',1,$1'$,…。测设时,应用经纬仪定线,用钢尺量出相邻两轴线间距离(钢尺零点端始终在同一点上),量距精度不小于 $1/2\ 000$。如测设 GH 上的 1、2、3、4、5 各点,可把经纬仪安置在 G 点,瞄准 H 点,把钢尺零点位置对准 G 点,沿望远镜照准轴方向分别量取 $G1$、$G2$、$G3$、$G4$、$G5$ 的长度,打下木桩,并在桩顶用小钉准确定位。

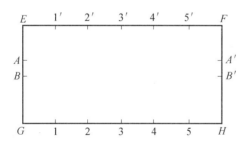

图 3－6　园林建筑物主轴线的测设

建筑物各轴线的交点桩测设后,根据交点桩位置和建筑物基础的宽度、深度及边坡参数,用白灰撒出基槽开挖线。

基槽开挖后,由于角桩和交点桩将被挖掉,为了便于在施工中恢复各轴线位置,应把各线延长到槽外安全地点,并做好标志,其方法有测设轴线控制桩和设置龙门板两种。

(1)测设轴线控制桩。

轴线控制桩也称引桩,其测设方法简述如下:如图 3－7 所示,将经纬仪安置在角桩或交点桩(如 C 点)上,瞄准另一对应的角桩或交点桩,沿视线方向用钢尺向基槽外侧量取 $2\sim4$ m,打下木桩,并在桩顶钉上小钉,准确标志出轴线位置,并用混凝土包裹木桩,如图 3－8 所示,同法测设出其余的轴线控制桩。如有条件也可把轴线引测到周围原有固定的地物上,并作好标志来代替轴线控制桩。

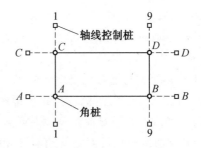

图 3－7　轴线控制桩的测设

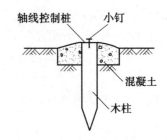

图 3－8　混凝土包裹木桩示意图

（2）设置龙门板。

在园林建筑中,常在基槽开挖线外一定距离处设置龙门板,如图 3－9 所示,其步骤和要求如下。

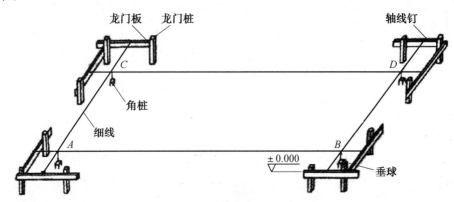

图 3－9　龙门板的设置

① 在建筑物四角和中间定位轴线的基槽开挖线外 1.5～3 m 处(根据土质与基槽深度而定)设置龙门桩,桩要钉得竖直、牢固,桩的外侧面应与基槽平行。

② 根据场地内的水准点,用水准仪将 ±0 的标高测设在每个龙门桩上,用红笔画横线。

③ 沿龙门桩上测设的线钉设龙门板,使板的上边缘高程正好为 ±0。若现场条件不允许,也可测设比 ±0 高或低一整数的高程,测设龙门板高程的限差为 ±5 mm。

④ 将经纬仪安置在 A 点,瞄准 B 点,沿视线方向在 B 点附近的龙门板上定出一点,并钉小钉(称轴线钉)标志;倒转望远镜,沿视线在 A 点附近的龙门板上定出一点,也钉小钉标志。同法可将各轴线都引测到相应的龙门板上。如建筑物较小,也可用垂球对准桩点,然后沿两垂球线拉紧线绳,把轴线延长并标定在龙门板上。

⑤ 在龙门板顶面将墙边线、基础边线、基槽开挖线等标定在龙门板上。标定基槽上开挖宽度时,应按有关规定考虑放坡的尺寸。

3. 基础施工放样

轴线控制桩测设完成后,即可进行基槽开挖施工等工作,基础施工中的测量工作主要有以下两个方面。

(1) 基槽开挖深度的控制。

在进行基槽开挖施工时,应随时注意开挖深度。在将要挖到槽底设计标高时,要用水准仪在槽壁测设一些距槽底设计标高为某一整数(一般为 0.4 m 或 0.5 m)的水平桩,如图 3－10 所示,用以控制挖槽深度。水平桩高程测设的允许误差为 ±10 mm。考虑施工方便,一般在槽壁每隔 3 ～ 4 m 处均测设一水平桩,必要时,可沿水平桩的上表面拉线,作为清理槽底和打基础垫层时掌握标高的依据。基槽开挖完成后,应检查槽底的标高是否符合要求,检查合格后,可按设计要求的材料和尺寸打基础垫层。

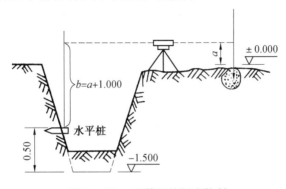

图 3－10　基槽开挖深度控制

(2) 在基础垫层上投测墙中心线。

基础垫层做好后,根据龙门板上的轴线钉或轴线控制桩,用经纬仪或用拉绳挂垂球的方法,把轴线投测到基础垫层上,并标出墙中心线和基础边线,如图 3－11 所示,作为砌筑基础的依据。

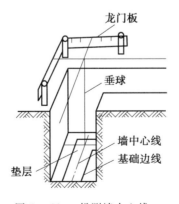

图 3－11　投测墙中心线

4.墙身施工放样

（1）墙身的弹线定位。

基础施工结束后，应检查基础面的标高是否满足要求，检查合格后，即可进行墙身的弹线定位，作为砌筑墙身时的依据。

墙身的弹线定位的方法：利用轴线控制桩或者龙门板上的轴线和墙边线标志，用经纬仪或用拉线绳挂垂球的方法，将轴线投测到基础面上，然后用墨线弹出墙中心线和墙边线。检查外墙轴线交角是否为直角，符合要求后，把墙轴线延长并画在外墙基础上，作为向上投测轴线的依据。同时把门、窗和其他洞口的边线也在外墙基础立面上画出。

（2）柱子安装施工放样。

在一些园林建筑中，设有梁柱结构。其梁柱构件有时是事先按照设计尺寸进行预制的，因此，必须按照设计要求的位置和尺寸进行安装，以保证各构件间的位置关系正确无误。

① 柱子吊装前的准备。

基槽开挖完毕，铺筑完垫层以后，应在相对的两定位桩间打麻线，将交点用垂球投影到垫层上，再弹出轴线及基础边线的墨线，以便立模浇灌基础混凝土，或吊装预制杯形基础。同时还应在杯口内壁测设一条标高线，供安装时控制标高时用。另外，还应检查杯底是否有过高或过低的地方，以便及时处理。另外，在柱子的3个侧面用墨线弹出柱中心线，第一侧面分上、中、下三点，并画出小三角形标志 ▲，便于安装时校正，如图 3 - 12 所示。

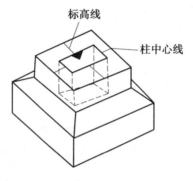

图 3 - 12   杯形基础

② 柱子安装时的竖直矫正。

柱子吊起插入杯口后，应使柱子中心线和杯口顶面中心线吻合，然后用钢锲或木锲暂时固定。接着用两台经纬仪分别安置在互相垂直的两条轴线上，一般应距柱子 1.5 倍柱高以上，如图 3 - 13(a) 所示，经纬仪先瞄准柱子底部中心线，照准部固定后，再逐渐抬高望远镜直至柱顶。若柱中心线应一直在两经纬仪视线上。

为了提高效率，有时可以将几根柱子竖起后，将经纬仪安置在一侧，一次校正若干根柱子，如图 3 - 13(b) 所示。在施工中，一般是垂直校正，随时浇筑混凝土固定，固定后及时用经纬仪检查纠偏。轴线的偏差应控制在柱高的 1/1 000 以内；另外，还应用水准仪检测柱子安放的标高位置是否准确，其最大误差控制在 5 mm 以内。

（3）上层楼面轴线的投测。

在多层建筑施工中，需要把底层轴线逐层投测到上层楼面，作为上层楼面施工的依据。上层楼面轴线投测有下面两种方法。

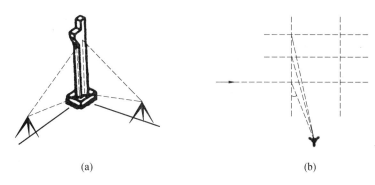

(a)　　　　　　　　　　　　　　　　　　(b)

图 3－13　　园林建筑柱子安装时的竖直校正

① 吊垂法。

用较重的垂球悬吊在楼板或柱顶边缘,当垂球尖对准基础墙面上的轴线标志时,线在楼板或柱边缘的位置即为该楼层轴线端点位置,并画线标志,同法投测其他轴线端点。经检测各轴线间距符合要求后即可继续施工。这种方法简便易行,一般能保证施工质量,但当风力较大或建筑物较高时,投测误差较大,应采用经纬仪投测法。

② 经纬仪投测法。

将经纬仪设置在相互垂直的建筑物中部轴线控制桩上,严格整平后,瞄准底层轴线标志。用盘左和盘右取平均值的方法,将轴线投测到上层楼边缘或柱顶上。每层楼板应测设长轴线 1～2 条,短轴线 2～3 条。然后,用钢尺实量其间距,相对误差不得大于 1/2 000。合格后才能在楼板上分间弹线,继续施工。

5. 其他园林工程施工放样

（1）园路施工放样。

园路在施工阶段的测量,主要任务是按照设计和施工要求,测设路基、路面及附属建筑物的位置、高程,以保证它们的定位和相互关系的准确,并作为施工管理的依据。其具体包括中线放样和路基放样。

① 中线放样。

中线放样就是把园路中线测量时设置的各桩号,如交点桩（或转点桩）、直线桩、曲线桩（主要是圆曲线的主点桩）在实地上重新测设出来。在进行测设时,首先在实地上找到各交点桩位置,若部分交点桩已丢失,可根据园路测量时的数据用极坐标法把丢失的交点桩恢复;圆曲线主点桩的位置可根据交点桩的位置和切线长 T、外距 E 等曲线元素进行测设;直线段上的桩号根据交点桩的位置和桩距用钢尺测设出来。

② 路基放样。

路基放样就是把设计好的路基横断面在实地构成轮廓,作为填土或挖土依据,其分为路堤放样和和路堑放样。

a.路堤放样。

图 3－14(a) 所示为平坦地面路堤放样,从中心桩向左、右各量 $B/2$ 宽钉设 A、P 坡脚桩,从中心桩向左、右各量 $b/2$ 宽处竖立竹竿,在竿上量出填土高 h,得坡顶 C、D 点和中心点 O,用细绳将 A、C、O、D、P 连接起来,即得路堤断面轮廓。施工中可在路堤断面的坡脚连线上撒出白灰线作为填方的边界。

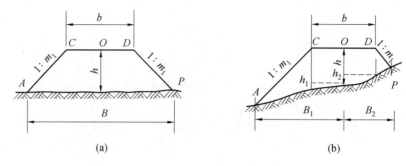

图 3-14 路堤放样

若路堤位于弯道上,应把按加宽和超高的数值放样。

若路堤位于斜坡上,如图 3-14(b) 所示,先在图上量出 B_1、B_2 及 C、O、D 三点的填高数,按这些放样数据即可进行现场放样。

b. 路堑放样。

图 3-15(a)、(b) 所示分别是在平坦地面和斜坡上路堑放样。在图上量出 $B/2$ 和 B_1、B_2 长度,从而可以定出坡顶 A、P 的实地位置。为了施工方便,可以制作坡度板,如图 3-15(b) 所示,作为边坡施工时的依据。

对于半填关挖的路基,除按上述方法测设坡脚 A 和坡顶 P 外,一般要测出填挖量为零的点 O',如图 3-15(c) 所示,拉线方法从图中可以看出,不另加说明。

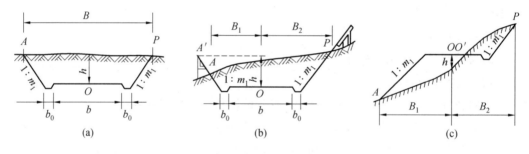

图 3-15 路堑放样

(2)堆山放样。

堆山放样一般可用极坐标法、支距法或平板仪放射法等。如图 3-16 所示,先测设出设计等高线的各转折点,然后将各点连接,并用白灰或绳索加以标定。再利用附近水准点测出 $1 \sim 9$ 各点应有的标高,若高度允许,可在各桩点插设竹竿划线标出,如图 3-17(a) 所示;若山体较高,则可在桩的侧面标明上坡高度,供施工人员使用。一般堆山的施工多采用分层堆叠,因此在堆山的放样过程中也可以随施工进度进行测设,逐层打桩直至山顶,如图 3-17(b) 所示。中心点 10 为山顶,其位置和标高也应同法测出。

(3)挖湖放样。

挖湖放样与堆山放样基本相似。

首先把水体周界的转折点测设在地面上,如图 3-18 中的 $1,2,3,\cdots,30$ 各点所示,然后在水体内设定若干点位,打上木桩。根据设计给定的水体基底标高在桩上进行测设,画线注明开挖深度,图中①、②、③、④、⑤、⑥ 各点即为此类桩点。在施工中,各桩点不要破坏,可留出土台,待水体开挖接近完成时,再将此土台挖掉。

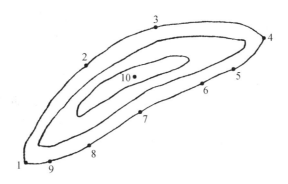

图 3－16　堆山放样

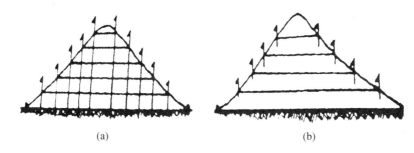

(a)　　　　　　　　　　　(b)

图 3－17　堆山放样方法

水体的边坡坡度,同挖方路基一样,可按设计坡度制成边坡样板置于边坡各处,以控制和检查各边坡坡度。

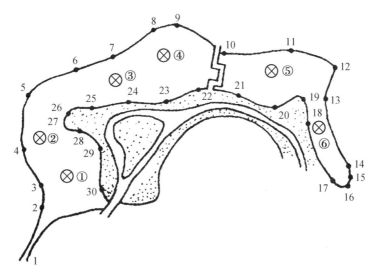

图 3－18　挖湖放样

(4)园林植物的施工放样。

园林植物的种植也必须按设计图的要求进行施工。园林植物的施工放样方法,根据其种植形式的不同,分述如下。

① 孤植型。

孤植型种植就是在草坪、岛或山坡等地的一定范围内只种植一棵大树,其种植位置的测设方法视现场情况可用极坐标法或支距法、距离交会法等。定位后以石灰或木桩标志,并标出它的挖穴范围。

② 丛植型。

丛植型种植就是把几株或者十几株乔木灌木配植在一起,树种一般在两种以上。定位时,先把丛植区域的中心位置用极坐标法或支距法、距离交会法测设出来,再根据中心位置与其他植物的方向、距离关系,定出其他植物种植点的位置。同样撒上石灰标志。树种复杂时可钉上木桩,并在桩上写明植物名称及其大小规格。

③ 行植型。

道路两侧的绿化树、中间的分车绿带和房子四周的行树、绿篱等都属于行(带)植型种植。定位时,根据现场实际情况一般可用支距法或距离交会法测设出行(带)植范围的起点、终点和转折点,然后根据设计株距定出单株的位置,做好标记。

若是道路两侧的绿化树,一般要求对称,放样时要注意两侧单株位置的对应关系。

④ 片植型。

在苗圃、公园或游览区常常成片规则种植某一树种(或两个树种)。放样时,首先把种植区域的界线视现场情况用极坐标法或支距法等在实地上标定出来,然后根据其种植的方式定出每一植株的具体位置。

a. 矩形种植。

如图 3-19(a) 所示,ABCD 为种植区域的界线,每一植株定位放样方法如下。

ⅰ 假定种植的行距为 a、株距为 b,沿 AD 方向量取距离 $d_{A1} = 0.5a$、$d_{A2} = 1.5a$、$d_{A3} = 2.5a$,定出 1,2,3,… 各点;同法在 BC 方向上定出相应的 $1', 2', 3', …$ 各点。

ⅱ 在纵向 $11', 22', 33', …$ 连线上按株距 b 定出各种植点的位置,撒上白灰标记。

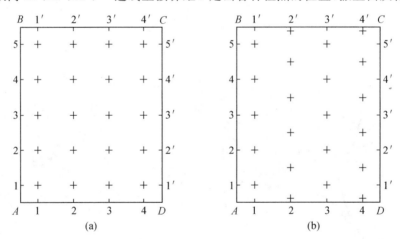

图 3-19　片植型

b. 三角形种植。

如图 3-19(b) 所示,与矩形种植同法,在 AD 和 BC 上分别定出 1,2,3,… 和相应的 $1', 2', 3', …$ 各点。在第一纵行(单数行)上按间距 $0.5b, b, 0.5b, b, …, b, 0.5b$ 定出各种植点位置,在第二纵行(双数行)上按间距 b 定出各种植点位置。

（5）园林管道、渠道施工测量。

① 园林管道施工测量。

园林中的地下管道工程主要包括给水、排水等。管道施工测量的任务主要是依据施工进度的要求，及时提供管道的中线即高程的标志，以指导施工依照设计顺利进行。同时应注意测设的精度必须满足管道设计和施工规范的要求。

a. 槽口放线。

槽口放线是根据管道设计的埋深、管线及现场土质情况，计算出开槽宽度，并在地面上定出槽边线的位置，作为开槽的依据。

当场所地形比较平坦时，如图 3－20 所示，槽口宽度 B 计算公式为

$$\frac{B}{2} = \frac{b}{2} + mh \tag{3-7}$$

式中，b 为设计槽底宽；h 为设计挖槽深度；m 为槽边坡度。

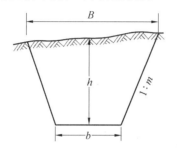

图 3－20　管道槽口测设

b. 设置坡度板及测设中心钉。

管道施工中的测量工作主要是控制管道中心设计位置和管底设计高程。为此，需要设置坡度板。坡度板设置如图 3－21 所示，间隔一般为 10～20 m，编以板号。根据中线控制桩，用经纬仪把管道中心线投测到坡度板上，用小钉做标记（称为中线钉），以控制管道中心的平面位置。

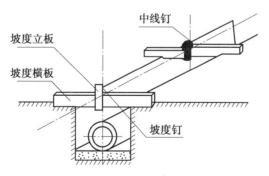

图 3－21　坡度板设置

c. 坡度钉测设。

为了控制沟槽的开挖深度和管道的设计高程，还需要在坡度板上测设设计坡度。为此在坡度横板上设一坡度立板，一侧对齐中线，在竖面上测设一条高程线，其高程与管底设计高程相差一整分米数，称为下反数。在该高程线上横向钉一小钉（称为坡度钉），以控制沟底挖土深度和管道的埋设深度，如图 3－21 所示。

② 园林渠道施工测量。

园林中的渠道主要是指园林中的排水沟渠,它是园林地表径流排放的一种重要方式。

a.渠道选线与中线测量。

渠道选线就是选择一条从渠口开始经过整个园林场所排水面积的渠道位置,选线应和场地的规划同步进行,应考虑集水面积、地形状况、其他排水方式(如管道排水、地面排水等)的安排等多种因素。要按照投资少、见效快、占地少、美观的原则进行。

建设园林场所排水沟渠,可以根据地形、地质条件和集水面积等首先在地形图上选线,而后组织有关人员到现场实地勘察,以确定渠道的起点、转折点和终点位置。平坦场所的渠道应为直线型,在起伏较大的区域宜与等高线平行布置。

当精度要求较低时,渠道中线测量可以参考园路。渠道里程桩间距以 20 m 或 50 m 为宜。如遇道路或其他管线,以及水闸、跌水等应增钉地物加桩;地形变化较大地段,在坡顶和坡脚应增钉地形加桩。为了防止冲刷,使水流畅通,一般在渠道的转折点处应设置圆曲线。

b.纵横断面测量。

纵横断面的作用与施测方法类同于园路。渠道的横断面测量宽度取决于渠道的宽度、深度、地质情况,以及两侧筑堤和园林绿化带的宽度。

c.渠道施工放样。

渠道施工放样包括边坡、中线和高程 3 个方面。测设方法与园路相关测设相同。

开挖前首先放样内、外坡脚,定出坡脚桩并涂撒灰线。在开挖过程中要随时根据设计方案检查渠和堤的边坡率、堤顶和渠底的高程和宽度。

6.园林工程竣工测量

竣工测量是指各种工程建设竣工、验收时所进行的测绘工作。竣工测量的最终成果就是竣工总平面图,它包括反映工程竣工时的地形现状、地上与地下各种建筑物和构筑物及各类管线平面位置与高程的总现状地形图和各类专业图等。竣工总平面图是设计总平面图在工程施工后实际情况的全面反映和工程验收时的重要依据,也是竣工后工程改建、扩建的重要基础技术资料,因此,工程单位必须十分重视竣工测量。

(1)园林建筑物、构筑物及边界围墙角测量。

对于较大的矩形园林建筑物(如茶楼)至少要测量 3 个主要房角坐标;对于小型建筑物可以测量其长边两个房角坐标,并量其房宽注于图上;对于圆形园林建筑物(如圆厅)应测其中心坐标,并在图上注明其半径。

(2)地下管线测量。

上水管线应施测起点、终点、弯点三通点和四通点的中心坐标;下水道应施测起点、终点及转折点井位中心坐标;地下电缆及电缆沟应施测其起点、终点、转点中心的坐标。另外还要测量地下管线的检查井、转折点的坐标及井盖、井底、沟槽和管顶等的高程,并附注管道及检查井的编号、名称、管径、间距、坡度及流向等。

(3)园路测量。

园路测量内容包括起止点和转折点坐标,园路中心线按照铺装路面量取,主要道路交叉口应测交叉口中心坐标,圆曲线区域要求测设曲线元素:转弯半径 R、转角、切线长 T 和曲线长 L。

（4）竣工总平面图的编制。

竣工总平面图上应该包括建筑方格网控制桩点位、水准点、建筑物和构筑物的平面放线坐标、高程，以及室内外平面图。竣工总平面图一般采用 1：1 000 比例尺绘制，如果要清楚表示局部地区，也可采用 1：500 比例尺绘制。

竣工总平面图的编制包括室外实测和室内绘制两项工作，室外实测即竣工测量的工作内容，室内绘制包括以下内容。

① 绘制坐标方格网。在图纸上或聚酯薄膜上绘制坐标方格网。

② 展点。在方格网内展绘施工放样控制点。

③ 绘制竣工总平面图。首先在图纸上作底图，设计数据用红色铅笔绘制，工程实际情况用黑色铅笔绘制，并将坐标与高程标注于图上。黑色与红色之差，即为施工与设计之差。

绘制过程中若发现问题应及时到施工现场核查。

思 考 题

1. 什么是规划设计测量、施工放线测量、园林建筑测量？

2. 建立方格控制网应依据哪些原则？

3. 园林建筑基础放样有哪些主要内容？

4. 怎样用已建方格网测设园林建筑主轴线？

5. 园林管道的施工测量内容有哪些？

6. 竣工总平面图应包括的内容有哪些？

模块四　管道施工测量

在城市和工业建设中,需要敷设许多地下管道,如给水、排水、煤气、电力管道等。管道施工测量的主要任务是根据工程进度的要求向施工人员随时提供中线方向和标高位置。下面分开槽施工和顶管施工两种情况介绍。

任务一　开槽施工测量

1. 准备工作

管道施工前应做好下列准备工作。

(1)熟悉图纸和现场情况。施工前,要收集管道测设所需要的管道平面图、附属构筑物图及有关资料,并熟悉和核对设计图纸,了解精度要求和工程进度安排等。还要深入施工现场,熟悉地形,找出各桩点位置。

(2)校核管道中线。若设计阶段所标定的中线位置就是施工时所需要的中线位置,且各桩点完好,则仅需校核,不需重新测设;否则,应重新测设管道中线。在校核中线时应把检查井等附属构筑物及支线的位置同时定出。

(3)加密水准点。为了在施工过程中便于引测,应根据设计阶段布设的水准点,于沿线附近每 $100 \sim 150$ m 增设临时施工水准点,按四等水准测量的要求进行施测。

2. 管道放线测量

(1)测设施工控制桩。

由于管道中线控制桩在施工中要被挖掉,为了便于恢复中线和附属构筑物的位置,应在不受施工干扰、引测方便、易于保存桩位的地方,测设施工中线控制桩(图 4—1)。施工中线控制桩的位置,一般是测设在管道起止点及各转折点处中心线的延长线上,井位控制桩则测设在管道中线的垂直线上。

(2)槽口放线。

管道中线控制桩定出后,就可根据管径的大小、埋设深度及土质情况,决定开槽宽度,并在地面上钉上边桩,然后沿开挖边线撒出灰线,作为开挖的界限。

若地表横断面坡度比较平缓(图 4—2(a)),则半槽口开挖宽度 $D/2$ 按下式计算:

$$\frac{D}{2} = \frac{d}{2} + mh \tag{4—1}$$

式中,d 为槽底宽度;h 为中线上的挖土深度;$1:m$ 为管槽边坡的坡度。

若地表横断面坡度较陡(图 4—2(b)),则中线两侧槽口宽度不等,半槽口开挖宽度按下式计算:

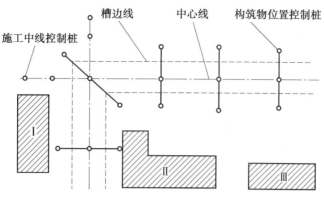

图 4－1　施工中线控制桩

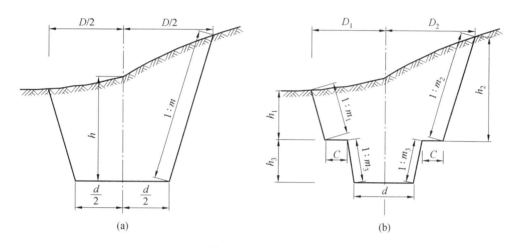

图 4－2　槽口放线

$$
\begin{cases}
D_1 = \dfrac{d}{2} + m_1 h_1 + m_3 h_3 + c \\[2mm]
D_2 = \dfrac{d}{2} + m_2 h_2 + m_3 h_3 + c
\end{cases}
\tag{4－2}
$$

若埋设深度较浅,土质坚实,则管槽可垂直开挖。

（3）管道施工过程中的测量工作。

管道的埋设要按照设计的管道中线和坡度进行,所以在开槽前应设置施工测量标志。通常采用埋设坡度板,然后在坡度板上测设中心钉和坡度钉的方法。

① 埋设坡度板和测设中心钉。在管槽开挖时,每隔 $10 \sim 15$ m 埋设一块坡度板(图 4－3),遇有检查井等构筑物时,应加设坡度板。坡度板埋设要牢固且不露出地面,板的顶面应保持水平。

坡度板埋好后,把经纬仪安置在中线控制桩上,瞄准远处中线控制桩,把管道中心线测设到各坡度板上,钉上中心钉(图 4－3)。各中心钉连线即为管道中心线。

② 测设坡度钉。地下管道要求有一定的高程和坡度。由于地面有起伏,因此在每块坡度板处,向下开挖的深度都不一样,在施工中,则用坡度钉来控制高程和坡度。如图 4－3 和图 4－4 所示,在坡度板中心线的一侧钉一块高程板,在高程板上测设一点,钉上铁钉,称为

坡度钉。使各坡度钉的连线平行于管道设计坡度线,并距离管底设计高程为一整分米数,称为下反数。利用这条线来控制管道坡度和高程。

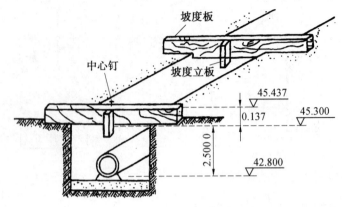

图 4—3　埋设坡度板

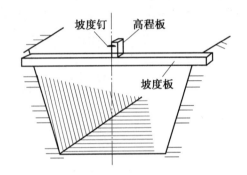

图 4—4　坡度板钉中心钉

测设坡度钉的方法较多,最常用的是"应读前视法",现以图4—5中0+000~0+010段管道和表4—1为例,说明坡度钉测设步骤。

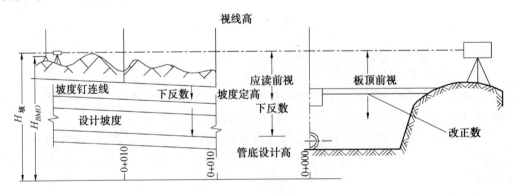

图 4—5　应读前视法

表 4－1　坡度钉测设手簿

工程名称：××		污水设计坡度：－5‰			水准高程：$H_{BMO} = 40.654$		
测点 （板号）	后视	视线高程	管底 设计高程	坡度钉 下反数	坡度板 实读数	坡度钉 应读数	改正数 ΔH/m
1	2	3	4	5	6	7	8 ＝ 6－7
BMO	1.235	41.889					
0＋000			39.100	1.500	1.250	1.289	－ 0.039
0＋010			39.050	1.500	1.265	1.339	－ 0.074
0＋020			39.000	1.500	1.314	1.389	－ 0.075

a. 后视水准点 BMO，求出视线高程为

$$H = 40.654 + 1.235 = 41.889 \text{（m）}$$

将后视和视线高程分别填入表中 2、3 列内。

b. 根据桩点 0＋000 的管底设计高程和设计坡度（－5‰），计算每 10 m 处的管底设计高程，填入表中第 4 列，如 0＋010 处管底的设计高程为

$$39.100 - \frac{5}{1\,000} \times 10 = 39.050 \text{ m}$$

c. 根据现场实际情况选定下反数，填入第 5 列，下反数的选择应使坡度钉钉在不妨碍施工且使用方便的高度上，一般为 1.5～2.0 m。地面起伏较大时可分段选取下反数。

d. 计算各坡度钉的前视应读数（坡度钉应读数）$b_{应}$，填入第 7 栏。计算公式为

$$b_{应} = 视线高程 - （管底设计高程 + 下反数）$$

如 0＋000 坡度钉：

$$b_{应} = 41.889 - （39.100 + 1.500） = 1.289 \text{（m）}$$

0＋010 坡度钉：

$$b_{应} = 41.889 - （39.050 + 1.500） = 1.339 \text{（m）}$$

0＋020 坡度钉：

$$b_{应} = 41.889 - （39.000 + 1.500） = 1.389 \text{（m）}$$

e. 计算各坡度板顶改正数 ΔH。立尺于坡度板顶，分别读取各板顶的实读数 $b_{实}$，填入表中第 6 列，则改正数为

$$\Delta H = b_{实} - b_{应}$$

如 0＋000 坡度钉：

$$\Delta H = 1.250 - 1.289 = - 0.039 \text{（m）}$$

0＋010 坡度钉：

$$\Delta H = 1.265 - 1.339 = - 0.074 \text{（m）}$$

0＋020 坡度钉：

$$\Delta H = 1.314 - 1.389 = - 0.075 \text{（m）}$$

数据填入第 8 列。若 ΔH 符号为负，应从板顶向下改正；若 ΔH 符号为正，应从板顶向上改正。

以坡度板顶为准，根据改正数 ΔH，在高程板上钉一铁钉，即为坡度钉。施工中用钢卷

尺即可方便地控制管槽开挖深度。

钉好坡度钉后,立尺于所钉坡度钉上,检查实读前视与应读前视是否一致,若误差在 ±2 mm 以内,即认为坡度钉位置准确。在施工过程中,还应定期检测本段和已完成段坡度钉的高程,以免因测量错误或坡度板移位造成各段管道无法衔接的事故。

为了节省木材,也可采用在两侧管槽壁上每隔 10～20 m 测设水平桩的方法,来控制管槽挖土深度。

任务二　顶管施工测量

当地下管道需要穿越铁路、公路、河流或重要建筑物等障碍物时,为了保证正常的交通运输和避免大量的拆迁工作,往往不允许从地面开挖沟槽,此时常采用顶管施工。顶管施工还可克服雨季和严冬对施工的影响,减轻劳动强度和改善劳动条件。如图 4-6 所示,在管道一端先挖好工作坑,在坑内安置导轨,将管筒放在导轨上,然后用顶镐将管筒沿管线方向顶进土中,并挖出管内泥土,便形成连续的整体管道。顶管施工测量的主要任务是控制管道顶进的中线方向、管底高程和坡度。

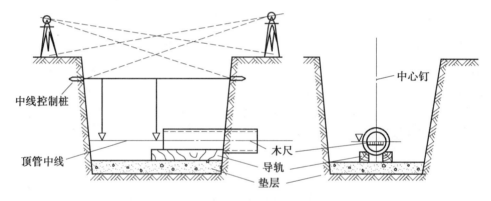

图 4-6　设置顶管中线桩

1. 准备工作

(1)设置中线控制桩和开挖顶管工作坑。依照设计图纸的要求,首先在工作坑的前后钉立两个中线控制桩使前后两点通视,并与已建成的管道在一条直线上。然后根据中线控制桩定出工作坑的开挖边界,并撒灰线,进行开挖。

(2)设置顶管中线桩。工作坑挖好后置经纬仪于中线控制桩 A、B 上,将中线引测到坑壁,并打入大铁钉或木桩,此桩称为顶管中线桩。

(3)设置临时水准点。为了控制管道按设计高程和坡度顶进,需在工作坑内设置两个临时水准点。

(4)安装导轨。导轨一般安装在木基础或混凝土基础上。基础面的高程和纵坡都应符合设计要求。

2. 顶进过程中的测量工作

(1)顶管中线定线测量。在坑内两个顶管中线桩之间拉紧一条细线,并在细线上挂两个垂球,两垂球的连线即为顶管中线方向。为了保证测量精度,两垂球间的距离应尽量远些。在管内设置一把横放水平尺,尺长略小于管的内径,尺上有刻划及中心钉。顶管时用水准器将尺放平,通过管外两垂球将一条细线投入管内,并与水平尺上的中心钉作比较,即可测量出顶管中心是否有偏差。若偏差值超过±1.5 cm,则必须进行管子校正。通常管子每顶进0.5～1 m进行一次检查。这种方法适用于短距离顶管施工。当距离超过100 m时,可在管线上每100 m设一个工作坑,分段对顶施工。在接通时,管子错口不得超过3 cm。

若有条件,宜采用激光经纬仪或激光水准仪进行导向。

(2)管底高程测量。如图4-7所示,将水准仪安置在坑内,以临时水准点作为后RM视点,在顶管内前进方向上竖立一根略小于管径而有分划的木尺作为前视尺。每顶进0.5 cm测量一次高程,如与设计高程偏差超过1 cm,则需要进行校正。

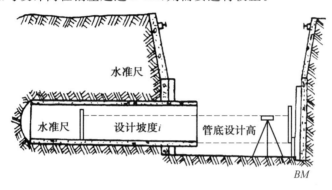

图 4-7　管底高程测量

模块五　　道路施工测量

道路施工测量的主要工作有测设施工控制桩、线路坡度放样、路基边桩测设等。

1. 测设施工控制桩

由于中线桩在施工中要被挖掉，为了在施工中控制中线位置，就需要在不受施工干扰、便于引用、易于保存桩位的地方，测设施工控制桩，其方法有平行线法和延长线法。

（1）平行线法。

平行线法是在路基以外与中线等距处测设两排平行于中线的施工控制桩，如图 5-1 所示。为了施工的方便，控制桩间距一般为 10 ～ 20 m。此法多用于平坦的直线路段。

（2）延长线法。

如图 5-2 所示，在中线和 QZ 至 JD 的延长线上钉施工控制桩。此法多用于地势起伏较大、直线段较短的路段。

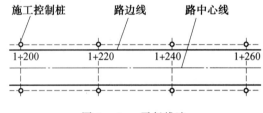

图 5-1　　平行线法

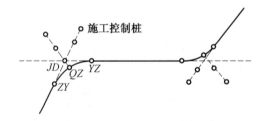

图 5-2　　延长线法

2. 线路坡度放样

根据纵断面图上各中线桩点的设计高程，在现场利用水准仪后视附近水准点，用视线高测出各桩顶高程，桩顶高程减去该桩设计高程，就得到该桩的填、挖高度，并用油漆注于桩上。

3. 路基边桩测设

路基的基本形式是路堤，包括填方路基和路堑。填方路基如图 5-3(a) 所示，路堑（挖方路基）如图 5-3(b) 所示。在路基施工前，应把路基边坡与原地面相交的坡脚点（或坡顶点）定出来以便施工，测设路基边桩的方法有图解法和解析法。

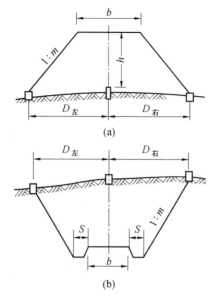

图 5－3　填方路基和路堑

（1）图解法。

在勘测设计时,地面横断面及路基设计断面已绘在厘米方格图上。因此,当填、挖方不很大时,可直接在横断面图上量取中桩至边桩的距离,然后在实地用皮尺测定其位置。

（2）解析法。

通过计算求出路基中心桩至边桩的距离。

① 平坦地段路基边桩的测设。由图 5－3(a) 可知,填方路基边桩至中桩的距离为

$$D_{左} = D_{右} = \frac{b}{2} + mh \tag{5-1}$$

由图 5－3(b) 可知,路堑边桩至中桩的距离为

$$D_{左} = D_{右} = \frac{b}{2} + S + mh \tag{5-2}$$

式中,b 为路基设计宽;m 为路基边坡坡度;h 为填土或挖土深度;S 为路边沟顶宽。按计算所得距离,沿横断面方向丈量,钉出路基边桩。

（2）斜坡地段路基边桩的测设。由图 5－4 可知

$$D_{左} = \frac{b}{2} + S + mh_{左} \tag{5-3}$$

$$D_{右} = \frac{b}{2} + S + mh_{右} \tag{5-4}$$

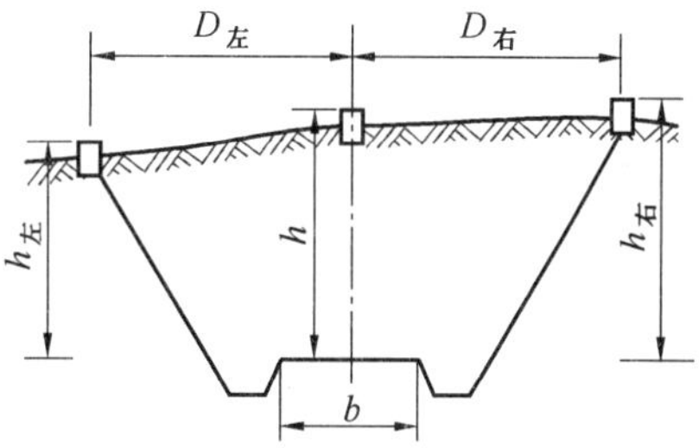

图 5－4　斜坡地面路基边桩的测设

式中,b、S 及 m 均为已知,故 $D_{左}$、$D_{右}$ 随 $h_{左}$、$h_{右}$ 的变化而变。由于 $h_{左}$、$h_{右}$ 是边桩处地面距路基面的高度,而边桩待定,因此两者均为未知,在实际工作中采用逐点趋近法。其步骤如下:首先根据地面的实际情况,估计边桩位置(可参考路基断面图);然后测出估计位置与中桩地面间的高差,按此高差可以算出边桩到中桩的距离。如果计算值与估计值相符,即得边桩位置,否则,再按实测资料第二次估计位置。重复上述工作,逐点趋近,直到计算值与估计值相等或接近为止,最后打入木桩标志。

模块六 桥梁施工测量

桥梁按其轴线长度一般分为特大型桥（＞500 m）、大型桥（100～500 m）、中型桥（30～100 m）和小型桥（＜30 m）四类,按平面形状可分为直线桥和曲线桥,按结构形式又可分为简支梁桥、连续梁桥、拱桥、斜拉桥、悬索桥等。根据桥梁的长度、类型、施工方法及地形复杂情况等因素的不同,桥梁施工测量的内容和方法也有所不同,概括起来主要有桥位控制测量、桥梁墩台中心的测设、桥梁墩台施工测量等。

1. 桥位控制测量

桥位控制测量的目的,就是保证桥梁轴线（即桥梁的中心线）、墩台位置在平面和高程位置上符合设计要求。

（1）平面控制。

桥位平面控制一般采用三角网中的测边网或边角网,如图 6－1 所示,AB 为桥梁轴线,双实线为控制网基线。图 6－1(a) 所示为双三角形;图 6－1(b) 所示为大地四边形;图 6－1(c) 所示为双四边形。各网根据测边、测角,按边角网或测边网进行平差计算,最后求出各控制网点的坐标,作为桥梁轴线及桥台、桥墩施工测量的依据。

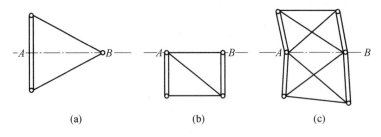

(a)　　　　　　　(b)　　　　　　　(c)

图 6－1　桥位平面控制网

（2）高程控制。

桥位高程控制一般在道路勘测中的基平测量时已经建立。桥梁施工前,一般还应根据现场工作情况增加施工水准点。在桥位施工场地附近的所有水准点应组成一个水准网,以便定期检测,及时发现问题。高程控制应采用国家高程基准。

跨河水准测量必须按照国家水准测量规范,采用精密水准测量方法进行观测。如图 6－2 所示,在河的两岸各设测站点及观测点一个,两岸对应观测距离尽量相等。测站应选在视野开阔处,两岸仪器的水平视线距水面的高度应相等,且视线距水面高度不应小于2 m。

水准观测:在甲岸,仪器安置在 I_1 点观测 A 点读数为 a_1,观测对岸 B 点读数为 b_1,则高差 $h_1 = a_1 - b_1$。搬仪器至乙岸,注意搬站时望远镜对光不变,两水准尺对调。仪器安置在 I_2 点,先观测对岸 A 点,读数为 a_2,再观测 B 点,读数为 b_2,则 $h_2 = a_2 - b_2$。四等跨河水准测量规定,两次高差不符值应 ≤±16 mm。在此限量以内,取两次高差平均值为最后结果,否则应重新观测。

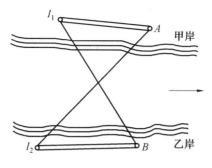

图 6－2　跨河水准测量

2. 桥梁墩台中心的测设

桥梁墩台中心的测设即桥梁墩台定位,是建造桥梁最重要的一项测量工作。测设前应仔细审阅和校核设计图纸与相关资料,拟订测设方案,计算测设数据。

直线桥梁的墩台中心均位于桥梁轴线上,而曲线桥梁的墩台中心处于曲线的外侧。直线桥梁墩台中心测设如图 6－3 所示,可根据现场地形条件,采用直接测距法或交会法。在陆地、干沟或浅水河道上,可用钢尺或光电测距方法沿轴线方向量距,逐个定位墩台。如果使用全站仪,则应事先将各墩台中心的坐标列出,测站可设在施工控制网的任意控制点上(以方便测设为准)。

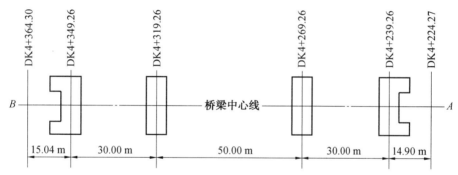

图 6－3　直线桥梁墩台中心测设

当桥梁墩台位置处水位较深时,一般采用角度交会法测设其中心位置。如图 6－4 所示,1、2、3 号桥梁墩台中心可以通过在基线 AB、BC 端点上测设角度交会出来。如果对岸或河有陆地可以标志点位,也可以将方向标定,以便随时检查。

直线桥梁的测设比较简单,因为桥梁中线(轴线)与道路中线吻合。但在曲线桥梁上梁是直的,道路中线则是曲线,两者不吻合。如图 6－5 所示,道路中心线为实线(曲线),桥梁中心线为点画线、折线。墩台中心则位于折线的交点上。该点距道路中心线的距离 E 称为桥梁墩台的偏距,折线的长度 L 称为墩中心距,这些都是在桥梁设计时确定的。明确了曲线桥梁构造特点以后,桥梁墩台中心的测设也和直线桥梁墩台测设一样,可以采用直角坐标法、偏角法和全站仪坐标法等。

3. 桥梁墩台施工测量

桥梁墩台中心定位以后,还应将墩台的轴线测设于实地,以保证墩台的施工。墩台轴线测设包括墩台的纵轴线,是指过墩台中心平行于道路方向的轴线,而墩台的横轴线是指过墩

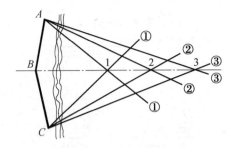

图 6－4 角度交会法测设桥梁墩台

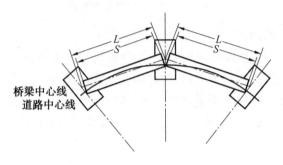

图 6－5 曲线桥梁

台中心垂直于道路方向的轴线。如图 6－6 所示,直线桥梁墩台的纵轴线即道路中心线,方向与桥梁轴线重合,无须另行测设和标志。墩台横轴线与纵轴线垂直。图 6－7 所示为曲线桥梁纵、横轴线,通过墩台中心处的纵轴线与曲线的切线方向是平行的,墩台的横轴线是指过墩台中心与其纵轴线垂直的轴线。在施工过程中,桥梁墩台纵、横轴线需要经常恢复,以满足施工要求。为此,纵、横轴线必须设置保护桩。保护桩的设置要因地制宜,方便观测。

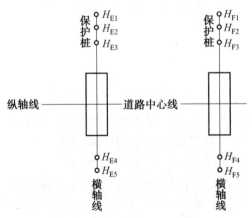

图 6－6 直线桥梁墩台纵、横轴线

墩台施工前,首先要根据墩台纵、横轴线,将墩台基础平面测设于实地,并根据基础深度进行开挖。墩台台身在施工过程中需要根据纵、横轴线控制其位置和尺寸。墩台台身建筑完毕后,还需要根据纵、横轴线,安装墩台台帽模板、错栓孔等,以确保墩台台帽中心错栓孔位置符合设计要求,并在模板上标出墩台台帽顶面标高,以便灌注。在墩台施工过程中,各部分高程是通过布设在附近的施工水准点,将高程传递到施工场地周围的临时水准点上,然后根据临时水准点,用钢尺向上或向下测量所得,以保证墩台高程符合设计要求。

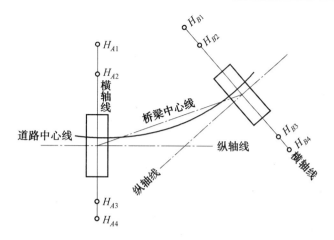

图 6－7 曲线桥梁桥纵、横轴线

模块七　隧道工程施工测量

隧道是边开挖边衬砌的,为保证开挖方向正确、开挖断面尺寸符合设计要求,施工测量工作必须紧紧跟上,同时要保证测量成果的正确性。

1.导坑延伸测量

当导坑从最前面一个临时中线点继续向前掘进时,在直线上延伸不超过 30 m,曲线上不超过 20 m 的范围内,可采用串线法延伸中线。用串线法延伸中线时,应在临时中线点前或后用仪器再设置两个中线点,如图 7－1 中的 1、2 所示,其间距不小于 5 m。串线时可在这三个点上挂垂球线,先检验三点是否在一直线上,如正确无误,可用肉眼瞄直,在工作面上给出中线位置,指导掘进方向。当串线延伸长度超过临时中线点的间距(直线为 30 m,曲线为 20 m)时,则应设立一个新的临时中线点。

如果用激光导向仪,则将其挂在中线洞顶部来指示开挖方向,可以定出 100 m 以外的中线点,如图 7－2 所示。这种方法对于直线隧道和全断面开挖的定向,既快捷又准确。

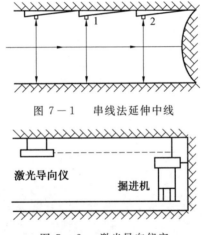

图 7－1　串线法延伸中线

图 7－2　激光导向仪定

在曲线导坑中,常用弦线偏距法和切线支距法。弦线偏距法最方便,如图 7－3 所示,A、B 为曲线上已定出的两个临时中线点,如要向前定出新的中线点 C,则要求 $BC=AB=s$,则从 B 沿 CB 方向量出长度 s,同时从 A 量出偏距 d,将两尺拉直使两长度分划相交,即可定出 D 点,然后在 DB 方向上挂三根垂球线,用串线法指导 B、C 间的掘进,掘进长度超过临时中线点间距时,由 B 沿 DB 延伸方向量出距离 s,即可测设出新的临时中线点 C。偏距 d 可按下列近似公式计算。

圆曲线部分

$$d=\frac{s}{R} \tag{7－1}$$

缓和曲线部分

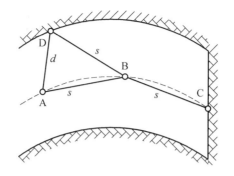

图 7-3　弦线偏距法

$$d = \frac{s}{R} \cdot \frac{l_B}{l_0} \tag{7-2}$$

式中，s 为临时中线点间距；R 为圆曲线半径；l_0 为缓和曲线全长；l_B 为 B 点到 ZH（或 HZ）的距离。

2. 上、下导坑的联测

采用上、下导坑开挖时，每前进一段距离后，上部的临时中线点和下部的临时中线点应通过漏斗联测一次，用于改正上部的中线点或向上导坑引点。在联测时，一般用长线垂球、光学垂准器、经纬仪的光学对中器等，将下导坑的中线点引到上导坑的顶板上，如图 7-4 所示。下导坑移设三个点之后，应复核其准确性；测量一段距离之后及筑拱前，应再引至下导坑核对，并尽早与洞口外引入的中线闭合。

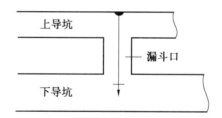

图 7-4　上、下导坑的联测

3. 隧道结构物的施工放样

（1）隧道开挖断面测量。

在隧道施工中，为使开挖断面能较好地符合设计断面，在每次掘进前，应在开挖断面根据中线和轨顶高程，标出设计断面尺寸线。

分部开挖的隧道在拱部和马口开挖后，全断面开挖的隧道在开挖成形后，应采用断面自动测绘仪或断面支距法测绘断面，检查断面是否符合要求，并用来确定超挖和欠挖工程数量。测量时按中线和外拱顶高程，从上至下每 0.5 m（拱部和墙）和 1.0 m（直墙）向左右量测支距。在量测支距时，应考虑到曲线隧道中心与线路中心的偏移值和施工预留宽度。仰拱断面测量，应由设计轨顶高程线每隔 0.5 m（自中线向左右）向下量出开挖深度。

（2）结构物的施工放样。

在施工放样之前，应对洞内的中线点和高程点加密。中线点加密的间隔视施工需要而定，一般为 5～10 m 一点，加密中线点可以铁路定测的精度测定。加密中线点的高程，均以五等水准精度测定。

在衬砌之前,还应进行衬砌放样,包括立拱架测量、边墙及避车洞和仰拱的衬砌放样,洞门砌筑施工放样等一系列的测量工作。

4. 竣工测量

隧道竣工以后,应在直线地段每 50 m,曲线地段每 20 m,或者需要加测断面处,以中线桩为准,测绘隧道的实际净空。测绘内容包括拱顶高程、起拱线宽度、轨顶水平宽度、铺底或仰拱高程,如图 7－5 所示。

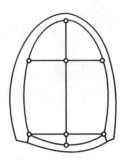

图 7－5   隧道测绘

当隧道中线统一检测闭合后,在直线上每 200～500 m、曲线上的主点,均应埋设永久中线桩;洞内每 1 km 应埋设一个水准点。无论中线点还是水准点,均应在隧道边墙上画出标志,以便以后养护维修时隧道测绘使用。

思　考　题

1. 道路中线测量包括哪些内容?各应如何进行?

2. 简述用全站仪测设圆曲线的方法与步骤。

3. 直线、圆曲线、缓和曲线横断面方向如何确定?

4. 路线纵断面测量的任务是什么?

5. 道路水准测量有什么特点?为什么观测转点要比观测中间点的精度要高?

6. 已知一圆曲线半径 $R=500$ m,转向角 $\alpha=1\,020$,ZY 点的里程为 $K\,301+800.40$。计算各主点要素和主点里程。

7. 道路复测的主要目的是什么?

8. 曲线桥墩、台中心位置怎样测设?

9. 根据已知数据(表7－1)进行曲线主点要素及坐标计算。注意:第二条切线的方位角加转折角的一半得分解线的方位角。

表 7－1　曲线主点要素及坐标计算

序号	点名	坐标		备注
		N	E	
1	CD3	2 921.789	3 368.123	
2	后视点 P	2 899.358	3 386.504	
3	JD1	2 888.100	3 464.651	
4	JD2	2 933.293	3 350.917	
5	JD3	2 951.506	3 247.889	
	以下各要素需计算正确			
6	偏角 α			
7	切线长 T			
8	曲线长 L			
9	外距 E			
10	ZY			
11	QZ			
12	YZ			

10. 完成表 7－2 中的中平测量计算。

表 7－2　中平测量计算表

测站	点号	水准尺读数 /m			仪器视线高程 /m	高程 /m	备注
		后视	中视	前视			
1	BM2	1.426			508.13	506.704	
	K4＋980		0.87				
	K5＋000		1.56				
	＋020		4.25				
	＋040		1.62				
	＋060		2.30				
	ZD1			2.402			
2	ZD1	0.876				506.604	
	＋080		2.42				
	＋092.4		1.87				
	＋100		0.32				
	ZD2		2.004				

续表7—2

测站	点号	水准尺读数 /m			仪器视线高程 /m	高程 /m	备注
		后视	中视	前视			
3	ZD2	1.286			505.886		
	+120		3.15				
	+140		3.04				
	+160		0.94				
	+180		1.88				
	+200		2.01				
	ZD3			2.186			

11.已知交点的里程为 $K8+912.01$,测得转角 $\Delta R = 25°48'$,圆曲线半径 $R = 300$ m,求曲线元素及主点里程。

附录 A　道路计算用例

1. 平曲线

(1) 元素法

① 输入元素。

序号	要素	起点 X	起点 Y	方位角	长度	半径
1	直线	1 099 877.123	4 578 452.654	120.302 50	88.12	
2	缓曲				100	200
3	圆曲				80	200
4	缓曲				50	200
5	缓曲				45	−150
6	圆曲				125	−150
7	缓曲				62	−150
8	直线				30	

② 计算中桩坐标(整桩号)(间距:25)。

序号	桩号	X	Y
1	0.000	1 099 877.123	4 578 452.654
2	25.000	1 099 864.432	4 578 474.193
3	50.000	1 099 851.741	4 578 495.732
4	75.000	1 099 839.050	4 578 517.272
5	88.120	1 099 832.390	4 578 528.575
6	100.000	1 099 826.347	4 578 538.804
7	125.000	1 099 813.310	4 578 560.134
8	150.000	1 099 799.305	4 578 580.839
9	175.000	1 099 783.746	4 578 600.395
10	188.120	1 099 774.794	4 578 609.984
11	200.000	1 099 766.173	4 578 618.155
12	225.000	1 099 746.535	4 578 633.600
13	250.000	1 099 725.125	4 578 646.476
14	268.120	1 099 708.688	4 578 654.087
15	275.000	1 099 702.279	4 578 656.588

续表

序号	桩号	X	Y
16	300.000	1 099 678.498	4 578 664.280
17	318.120	1 099 661.029	4 578 669.092
18	325.000	1 099 654.388	4 578 670.891
19	350.000	1 099 630.474	4 578 678.158
20	363.120	1 099 618.263	4 578 682.949
21	375.000	1 099 607.584	4 578 688.147
22	400.000	1 099 586.640	4 578 701.745
23	425.000	1 099 568.243	4 578 718.630
24	450.000	1 099 552.901	4 578 738.333
25	475.000	1 099 541.041	4 578 760.307
26	488.120	1 099 536.325	4 578 772.546
27	500.000	1 099 532.962	4 578 783.937
28	525.000	1 099 528.087	4 578 808.446
29	550.000	1 099 524.876	4 578 833.238
30	550.120	1 099 524.862	4 578 833.357
31	575.000	1 099 521.947	4 578 858.066
32	580.120	1 099 521.347	4 578 863.151

(2) 交点法

① 输入元素。

序号	X	Y	缓曲 A1	半径	缓曲 A2	里程	
1	126 595.622	326 532.868					
2	127 029.195	328 544.441	711.09	2 528.248	711.09	2 057.769	
3	126 270.297	330 165.767	550.05	2 017.034 0	0	0	
4	126 797.134	331 957.950	0	1 699.119 3	504.844	0	
5	129 306.674	332 294.008	636.169	2 023.552 7	550.938	0	
6	110 014.424	334 370.388	0	0	0	0	

② 计算中桩坐标(整桩号)(间距:500)。

序号	桩号	X	Y
1	0.000	126 595.622	326 532.868
2	500.000	126 700.972	327 021.643
3	1 000.000	126 806.322	327 510.418
4	1 105.563	126 828.565	327 613.611
5	1 305.563	126 868.121	327 809.646

序号	桩号	X	Y
6	1 500.000	126 894.146	328 002.286
7	2 000.000	126 892.623	328 501.469
8	2 500.000	126 793.052	328 990.623
9	2 749.107	126 707.910	329 224.621
10	2 949.107	126 625.526	329 406.849
11	3 000.000	126 604.016	329 452.973
12	3 099.107	126 563.629	329 543.472
13	3 500.000	126 444.885	329 925.686
14	4 000.000	126 406.074	330 422.894
15	4 483.815	126 485.817	330 898.918
16	4 500.000	126 490.455	330 914.423
17	5 000.000	126 703.815	331 364.622
18	5 500.000	127 038.580	331 733.585
19	6 000.000	127 465.969	331 989.592
20	6 365.804	127 816.349	332 092.209
21	6 500.000	127 949.036	332 112.201
22	6 515.804	127 964.700	332 114.301
23	6 516.206	127 965.099	332 114.355
24	6 716.206	128 162.844	332 144.159
25	7 000.000	128 437.402	332 215.044
26	7 500.000	128 887.275	332 430.323
27	8 000.000	129 270.830	332 749.096
28	8 500.000	129 564.769	333 151.998
29	8 785.668	129 685.352	333 410.708
30	8 935.668	129 735.494	333 552.069
31	9 000.000	129 756.249	333 612.961
32	9 500.000	129 917.564	334 086.224
33	9 800.219	110 014.424	334 370.388

2. 竖曲线

（1）输入交点。

交点	变坡点里程	变坡点高程	长度
起点	0	324.325	0
1	508.36	329.247	84.560
2	1 000.48	325.689	52.806
3	1 320.236	320.563	120.000
4	1 524.265	323.215	28.585
5	1 699.888	324.585	31.445
终点	1 800.244	325.999	0

（2）单个桩点高程。

序号	里程（桩号）	计算值	理论值
1	0.000	324.325	324.325
2	100.000	325.293	325.293
3	200.000	326.261	326.261
4	300.000	327.230	327.230
5	400.000	328.198	328.198
6	500.000	329.051	329.051
7	600.000	328.584	328.584
8	700.000	327.861	327.861
9	800.000	327.138	327.138
10	900.000	326.415	326.415
11	1 000.000	325.636	325.636
12	1 100.000	324.094	324.094
13	1 200.000	322.490	322.491
14	1 300.000	321.079	321.079
15	1 400.000	321.600	321.600
16	1 500.000	322.900	322.900
17	1 600.000	323.806	323.806
18	1 700.000	324.611	324.611
19	1 800.000	325.996	325.996
20	1 900.000	0.000	0.000
21	2 000.000	0.000	0.000
22	2 100.000	0.000	0.000

附录 B   文件格式说明

以下面的例子说明导出文件的格式。

STA	ST001,1.2050,AD
NEZ	100.0000,100.0000,10.0000
SS	BS001,1.8000,BA
NEZ	200.0000,200.0000,10.0000
SC	A1,1.8000,CODE1
NEZ	104.6625,99.5679,10.2148
SD	A2,1.8000,CODE1
HVD	1276939,288678,4.7510
SA	A3,1.8000,CODE1
HV	1276942,288678

每一条记录由两行组成。

第一行的信息解析为：记录类型、点名、标高、代码。

如：STA 表示测站点，SS 表示后视点，SC 表示坐标数据，SD 表示距离测量数据，SA 表示角度测量数据。

第二行的信息解析为：数据类型、数据记录。

如：NEZ 表示后面的数据是坐标，ENZ 表示后面的数据是坐标，HVD 表示后面的数据分别代表水平角、垂直角和斜距。

参 考 文 献

[1] 邓林,乔雪,苏军德.测量学[M].天津:天津大学出版社,2018.

[2] 王侬,过静珺.现代普通测量学[M].2版.北京:清华大学出版社,2009.

[3] 国家测绘局,全国地理信息标准化技术委员会.光电测距仪:GB/T 14267—2009[S].北京:中国标准出版社,2009.

[4] 国家测绘地理信息局,全国地理信息标准化技术委员会.国家基本比例尺地图图式 第1部分:1∶500 1∶1 000 1∶2 000地形图图式:GB/T 20257.1—2017[S].北京:中国标准出版社,2017.